大学物理实验

郝延明　任晓斌　原凤英　高纯静　编著

清华大学出版社
北　京

内 容 简 介

本书是以天津科技大学目前使用的大学物理实验讲义为基础修订和改编的。全书共分3章：第1章阐述了测量误差及数据处理的基础知识；第2章为29个实验项目，涵盖了力学、热学、电磁学、光学和近代物理等方面的内容。在每个实验项目中都安排了一些思考题或习题，用于指导学生预习实验或进一步理解实验项目的意义，便于知识的拓展。第3章介绍了一些大学物理实验课中常用的基础性实验仪器。

本书可作为理工农医类高等学校的大学物理实验教材或教学参考书。

版权所有，侵权必究。举报: 010-62782989, beiqinquan@tup.tsinghua.edu.cn。

图书在版编目(CIP)数据

大学物理实验/郝延明等编著. ---北京：清华大学出版社，2016(2025.2重印)
ISBN 978-7-302-44519-7

Ⅰ. ①大… Ⅱ. ①郝… Ⅲ. ①物理学－实验－高等学校－教材 Ⅳ. ①O4-33

中国版本图书馆CIP数据核字(2016)第165171号

责任编辑：朱红莲
封面设计：傅瑞学
责任校对：王淑云
责任印制：刘 菲

出版发行：清华大学出版社
    网 址：https://www.tup.com.cn, https://www.wqxuetang.com
    地 址：北京清华大学学研大厦A座   邮 编：100084
    社 总 机：010-83470000   邮 购：010-62786544
    投稿与读者服务：010-62776969，c-service@tup.tsinghua.edu.cn
    质量反馈：010-62772015，zhiliang@tup.tsinghua.edu.cn
印 装 者：三河市君旺印务有限公司
经 销：全国新华书店
开 本：185mm×260mm 印 张：10.75 字 数：259千字
版 次：2016年8月第1版   印 次：2025年2月第9次印刷
定 价：31.00元

产品编号：070998-02

前言

FOREWORD

随着大学物理实验课程教学改革的不断深入,近年来我校大学物理实验项目及其教学内容、教学方法更新很快,过去的教材已经严重不适合实际教学工作的需要。鉴于我校大学物理实验课程教学内容设置的相对独立性的特点,及目前还没有比较适应我校实际教学要求的教材,因此迫切需要编写一本适应我校教学特点和教学内容的大学物理实验教学讲义。

本实验讲义是根据教育部颁发的"非物理类理工科大学物理实验课程教学基本要求",以我校目前使用的大学物理实验讲义为基础,由我校担任大学物理实验教学的全体一线教师共同编写完成的。全书包含测量误差及数据处理、目前我校正在开设的 29 个大学物理实验项目、大学物理实验基础仪器简介 3 部分。每个实验项目均由长期具体担任该实验项目教学工作的教师负责编写。由于我校大学物理实验课教师来自国内外 20 多所不同的高校或科研院所,他们的专业方向及研究工作经历有所不同,使得其学源背景宽泛,专业背景齐全,而且教学方法各具特色,都或多或少地保有原毕业院校的教学特点,所承担的实验项目也基本上与个人的专业特长有关,这些因素对工科院校的基础实验课教学是极为有利的。学生在学习的过程中基本上可以体验到各个学校的教学特点,取长补短,兼容并蓄。因此,我们在各实验项目的编写形式上未作统一要求,基本上是按照各位教师实际教学的情况编写的,并尽量保持他们的教学特点,且在每个实验项目中都给出了一些思考题或习题,用于指导学生预习实验或进一步理解该实验项目的意义,便于知识的拓展。具体实验项目的编写教师列于附录的表格中。

由于时间和水平所限,本书难免存在一些缺点和错误,敬请使用本教材的教师、同学和其他读者提出宝贵意见。

郝延明

2016 年 4 月

目录
CONTENTS

绪论 ·· 1

第1章 测量误差及数据处理 ··· 3

  1.1 测量及误差 ··· 3
  1.2 随机误差的处理 ··· 4
  1.3 不确定度和测量结果的表示 ·· 7
  1.4 有效数字的记录与运算 ··· 9
  1.5 实验数据处理的基本方法 ··· 10
  习题 ·· 14

第2章 大学物理实验 ·· 16

  实验1 刚体定轴转动定律 ··· 16
  实验2 导轨上的一维运动 ··· 18
  实验3 钢丝杨氏模量的测定 ·· 21
  实验4 用三线摆测量转动惯量 ·· 24
  实验5 动态共振法测量金属材料杨氏模量 ··· 32
  实验6 落球法测黏滞系数 ··· 35
  实验7 惠斯通电桥测电阻 ··· 40
  实验8 用稳恒电流场模拟静电场 ··· 46
  实验9 补偿法测电动势 ·· 49
  实验10 密立根油滴法测定电子电荷 ·· 51
  实验11 电表改装与校正 ·· 56
  实验12 示波器的原理和使用 ·· 59
  实验13 迈克耳孙干涉仪的调整和使用 ··· 67
  实验14 等厚干涉——牛顿环测透镜曲率半径 ··· 73
  实验15 分光计的调整及应用 ·· 77
  实验16 光栅衍射 ·· 82
  实验17 测量单缝衍射的光强分布 ··· 85
  实验18 偏振光实验 ··· 88
  实验19 微波布拉格衍射 ·· 92
  实验20 巨磁电阻效应 ·· 98

实验 21　测量铁磁材料的动态磁滞回线和基本磁化曲线 …………………… 102
实验 22　用霍尔元件测磁场 …………………………………………………… 107
实验 23　金属电子逸出功的测定 ……………………………………………… 113
实验 24　硅光电池特性的研究 ………………………………………………… 117
实验 25　晶体电光效应 ………………………………………………………… 121
实验 26　红外技术基础研究 …………………………………………………… 129
实验 27　光电信息处理 ………………………………………………………… 134
实验 28　超声声速及空气绝热系数的测量 …………………………………… 141
实验 29　弗兰克-赫兹实验 ……………………………………………………… 145

第 3 章　大学物理实验中常用基本仪器及器件 ……………………………… 150

3.1　测量长度、时间、质量的基本仪器 ……………………………………… 150
3.2　电学相关仪器 ……………………………………………………………… 154
3.3　光学相关仪器 ……………………………………………………………… 162

附录 ……………………………………………………………………………… 164

绪 论

　　物理学是自然科学的基础,任何自然科学都离不开物理学这个基础,因此现代大学中的理、工、农、医等学科都需要学习物理学。在当今科学技术突飞猛进的时代,必须提高全民的科学素质,因此人文科学类的学生也应该学一点物理学,目前国内已经有很多大学特别是重点大学都对文科类学生开设了物理学。

　　物理学本质上来说是一门实验科学。这是因为:①物理学中对实验现象的观测结果经过分析总结,形成一定的理论,理论又反过来指导进一步的实验和实践;②物理学理论的正确与否需要由实验来最终验证,没有经过实验检验的理论,最终只能是一种假想,不能称之为真正的理论。

　　物理学是自然科学的基础,物理实验相应也是各学科科学实验的基础。例如工程技术类学科的发展就是以物理学和物理实验为基础的。物理实验中的长度、质量、时间、电、光、磁、热等物理量的测量方法以及误差、不确定度的计算分析方法等都是工程技术领域常用的基本方法。甚至很多专门的工程技术学科本身就是由物理学中某个专门学科发展而来的。纵观科学技术的发展史可以看出,物理学的每一项新突破都导致了工程技术领域的重大变革。例如:法拉第发现了电磁感应定律,才有了今天的电动力;赫兹发现了电磁波,才有了今天的电磁波通信;哈恩发现了核裂变,才有了今天的核动力;半导体的研究导致了晶体管的出现,才有了今天的计算机、电视……;物理学中对磁介质、光介质的不断研究,才有了今天的高密度记录介质、硬盘、U盘的存储,密度才不断提高,等等。因此要学习各门自然科学和工程技术学科,首先要学习物理学及物理实验。大学物理实验是一门实践性的课程,它和大学物理理论课具有同等重要的地位。实验研究有自己的一套理论、方法和技能。通过大学物理实验课的学习使学生了解科学实验的主要过程与基本方法,加深对物理理论的了解,为今后专门领域的学习奠定基础。

　　具体来说大学物理实验课的目的除了加深对物理理论的理解以外,还有以下几个方面:

　　1) 培养基本的实验技能,学习基本的实验方法。这里的实验技能不仅仅指物理实验技能,也包括其他自然科学学科及工程技术学科中的基本实验技能。因为其他学科的实验技术本身就是物理实验技术或由其发展而来的,任何技术测量都可归结为对力、热、光、电及磁等物理量的测量。例如温度的测量属于基础物理实验,但在生物、化学、机械、冶炼等学科中都会用到;材料表面的粗糙程度、硬度、材料的韧性、断裂性能、抗腐蚀性等性质的测量都可以归结到物理实验的范畴,等等。因此物理实验课的重要程度与其他工科各专业实验课的重要程度是一样的,从根本上来说是一回事。专业实验课实际上是物理实验的综合和发展。在培养基本实验技能和基本实验方法过程中应该注重以下两个方面:①注重培养学生掌握基本仪器仪表的使用方法,了解基本仪器仪表的工作原理。物理实验中采用的仪器仪表也是科学研究和工程技术领域实验中采用的基本仪器仪表。任何复杂的测量设备基本上都是由基本物理测量仪器构成的。因此掌握物理实验中的基本仪器仪表的工作原理及使用方法对以后掌握专门工程技术领域中的仪器仪表的使用和维护、改进都是有意义的,即便对于新型仪器、仪表的发明都是有意义的;②注重培养学生掌握一些力、热、光、电、磁等现象中的基本量的测量方法和测量原理,这些基本量的测量实际上是其他专业领域测量的基础。

2) 培养学生综合分析问题、解决问题的能力。分析问题是解决问题的前提,完成任何一个具体的测量任务,都要精心分析、设计实验原理和实验步骤,实验进行当中要对出现的现象不断进行分析判断,以改进和修正实验步骤、实验方法,达到最佳的测量结果。对结果的判断要有理论的指导。一般来讲,实验结果是否正确需要有理论上的根据,也就是说不能与理论的分析相矛盾,当然有些结果不能用单一的理论解释,可能需要多方面的理论综合起来才能够解释,因此实验分析本身不仅仅涉及实验操作过程的分析,也包括理论甚至多个理论的综合分析,进一步来说,还有可能对现有理论进行发展,提出新的理论规律。

3) 培养学生基本的实验数据分析及处理的能力。依据理论分析及对实验结果的预判设计记录数据的方法,有规律地记录数据,有助于在测量过程中及时发现测量的错误,也便于及时分析实验现象,改进实验步骤。清晰的图示数据及实验结果,有助于判断实验规律,推断新的实验现象。正确地处理实验数据,可以减小测量结果的偏差。除了列表、作图及最小二乘法处理数据以外,还应该使学生掌握一些计算机处理数据的方法。

4) 培养学生规范写作实验报告和规范写作科技文献的能力。大学物理实验中对实验报告的规范写作以及图表的规范表述要求实际上与国际通行的科技文献写作的要求大体相同,因此学生在撰写实验报告时不但可以学到规范表达实验结果的能力,而且可以学会规范表达科学研究结果的能力和撰写科技论文的能力。

5) 培养学生的团队协作能力。单人单组的物理实验固然可以培养一个人的独立实验能力,但多人单组的实验也是必不可少的。在多人单组实验中,由多个人同时完成一个实验,各有分工,又相互协调,这个过程本身就是锻炼培养同学之间协同工作的能力与积累经验的过程。过去有人认为实验中每人一组可以培养学生独立完成实验的能力,因此大多数学校都将物理实验设计为每人一组,各做各的。但这是一个误区,独立实验确实是可以培养学生的独立工作能力,但现在看来,任何工作都需要其他人的配合,个人的精力、能力都是有限的,现代工作特别是科学研究工作都是一些复杂的工作,需要多人一起共同完成,团队协作共同完成工作的能力显得越来越重要。因此适当地安排一些多人单组共同进行的综合性实验有助于培养学生的团队协作能力。

6) 培养学生的创新意识。扎实的基础知识,勤于思考、善于思考,勇于质疑,勤于实践的习惯和工作作风是创新的根本。大学物理实验课在要求学生遵守基本操作规范的情况下,应该注重鼓励学生相互讨论,相互质疑,特别地应当鼓励学生对教师质疑,这对培养学生的创新意识是有帮助的。

总之,大学物理实验课对于理、工、农、医等各学科都具有重要意义,是这些学科重要的、不可或缺的基础。只有学好这门课程,才能够为自己的专业课学习奠定良好的基础,将来才能够在自己的专业领域内达到较高的水平。通过以上介绍,我们希望大学生能够充分认识到大学物理实验课的重要性是不亚于各门学科的专业实验课的,甚至高于各门学科的专业实验课,这是学好这门课程的前提。

第1章 测量误差及数据处理

1.1 测量及误差

1. 测量及其分类

测量是物理实验的重要手段,了解物质特性、验证物理原理、研究物理规律等都离不开测量。测量就是将被测物理量与选定为基本单位的物理量进行比较,其倍数即为待测物理量的大小,其单位就是与之进行比较的基本单位,因此一个物理量的测量结果必须同时包含大小和单位,两者缺一不可。

测量可分为直接测量和间接测量。直接测量是指直接从仪器或量具上读出待测量的量值。例如用米尺测量钢丝的长度,用天平称量重物的质量,用秒表记录小球的下落时间等。对应的待测量称为直接测量量。间接测量是指不能直接读出待测量的量值,而要根据直接测量量之间的函数关系得出待测量的量值。例如物体的密度,刚体的转动惯量等。对应的待测量称为间接测量量。

对同一待测量进行多次测量时,始终在相同的测量条件(同一测量者、同样的仪器、同样的方法)下进行,则每次测量的可靠程度都是一样的,这样的多次测量称为等精度测量,测量得到的一组数据称为测量列。若多次测量时,测量条件发生了改变,如更换实验仪器、改变实验方法等,则为不等精度测量。对这种测量要引入"权"的概念,根据每个测量值的"权重"进行"加权平均"。物理实验中一般进行的都是等精度测量。

2. 误差及其分类

由于受到测量仪器的精度、测量原理的近似性、测量条件的不理想以及测量者的实验素质等因素的制约,一个物理量的测量很难做到完全准确,即测量值 x 与待测量的客观真实值(即真值)x_0 之间总是存在一定的差异,这种差异在数值上的表示即为误差:

$$\Delta x = x - x_0$$

要准确地判定一个测量结果的优劣,还要引入相对误差,相对误差 E_r 是指误差与待测量真值的比值,常用百分比表示:

$$E_r = \frac{\Delta x}{x_0} \times 100\%$$

根据误差的性质和特点,可将误差分为两类:系统误差和随机误差。

1) 系统误差

在相同条件(实验方法、实验环境、仪器、实验者等)下,对同一待测量进行多次测量,误差的绝对值和符号始终保持不变或按某种规律变化,这类误差称为系统误差,其特征是确定性。前者称为定值系统误差,后者称为变值系统误差。系统误差产生的原因主要有以下几个方面:

(1) 由于实验原理或实验方法不完善导致的误差。例如,用伏安法测电阻时没有考虑电表内阻的影响;用单摆测重力加速度时要求摆角 $\theta \to 0$,而实际很难满足等。

(2) 由于仪器本身的缺陷或没有按规定条件使用仪器所造成的误差。例如,仪器未经调零;刻度不准;精密螺杆回程差等。

(3) 由于环境条件变化引起的误差。例如,标准电池是以 20℃ 时的电动势作为标准值的,若环境温度为 35℃ 而不进行修正就会引入误差。

(4) 由于观察者本身的生理或心理特点引入的误差等。例如,使用停表计时时,有人习惯早停,使测量值偏小,也有人习惯晚停,使测量值偏大等。

从系统误差产生的原因可知,在相同的实验条件下,实验者不可能通过多次测量修正或消除系统误差,但在实验中应尽可能地对系统误差进行修正和处理,例如校正仪器、改进实验方法、对实验公式进行修正、纠正实验者不良的实验习惯等。按对系统误差的掌握程度可将其分为已定系统误差和未定系统误差。已定系统误差是指采用一定方法可以确定误差的数据和符号,可以通过对测量值进行修正来减小或消除其影响。未定系统误差是指不能确定误差的数据和符号,一般也难于修正和消除,仅仅知道其可能的范围。

2) 随机误差

在相同条件下,对同一待测量进行多次测量,在消除系统误差影响的情况下,各次测量值之间仍是存在差异,且变化不定,这种误差的绝对值和符号都在随机变化,称为随机误差(或称偶然误差),其特征是不确定性。随机误差产生的原因在于测量过程中存在一些随机的或不确定的因素,例如实验条件或实验环境的起伏变化、仪器的稳定性、实验者感觉器官的分辨能力等。就某次测量来说随机误差的大小和符号是不可预知的,但对某一待测量进行大量重复测量,就可以发现随机误差服从一定的统计规律,其中最常见的是正态分布规律,遵从正态分布规律的随机误差具有下列特征:

(1) 单峰性:绝对值小的误差出现的概率比绝对值大的误差出现的概率大。

(2) 对称性:绝对值相同的正误差和负误差出现的概率相同。

(3) 有界性:绝对值很大的误差出现的概率趋于零,即随机误差的分布具有有限的范围。

(4) 抵偿性:测量次数足够多时,随机误差的代数和趋于零,即随机误差的算术平均值趋于零,这一点可由随机误差的单峰性和对称性导出。

根据随机误差的特点,可以采用多次测量取平均的方法来减小随机误差的影响,事实上多次测量的算术平均值就是待测量的最佳估计值。

1.2 随机误差的处理

测量次数足够多时,随机误差的分布符合正态分布规律,正态分布的特征可用正态分布曲线形象描述,如图 1.1 表示,其中横坐标为误差,纵坐标为误差出现的概率密度分布函数。

根据误差理论可知,概率密度的函数表达式为

$$f(\Delta x) = \frac{1}{\sigma\sqrt{2\pi}} e^{-\frac{(\Delta x)^2}{2\sigma^2}} \qquad (1.1)$$

其物理含义为:在误差值 Δx 附近单位误差区间内的误差出现的概率。图 1.1 曲线下阴影的面积 $f(\Delta x)\mathrm{d}\Delta x$ 表示误差出现在 $\Delta x \sim \Delta x + \mathrm{d}\Delta x$ 区间内的概率。根据概率论的归一化条件,误差出现在 $-\infty \sim +\infty$ 的概率应该等于 1,即曲线下的总面积等于 1。

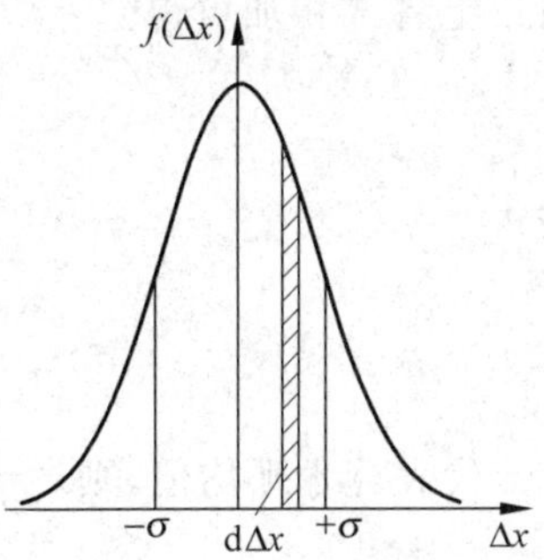

式中,$\sigma = \sqrt{\dfrac{\sum\limits_{i=1}^{n}\Delta x_i}{n}}$ 称为标准误差,其中 n 为测量次数。

图 1.1 误差概率密度分布

1. 标准误差的物理意义

由式(1.1)可知,当 $\Delta x = 0$ 时

$$f(0) = \frac{1}{\sigma\sqrt{2\pi}}$$

因此 σ 值越小,$f(0)$ 值越大,对应曲线峰值高且陡峭,说明绝对值小的误差占多数,测量值的分散性小,测量的精度高;反之 σ 值越大,$f(0)$ 值越小,曲线峰值低且平坦,测量值的分散性大,测量的精度差。所以 σ 可以反映测量值的分散性。标准误差 σ 和测量误差 Δx_i 完全不同,Δx_i 是确定的测量误差值,而 σ 并不是具体的误差值,它可以反映在相同的实验条件下进行一组测量时随机误差出现的概率分布情况,是一个统计的特征值。σ 的统计意义可以从 $f(\Delta x)$ 的函数式求出。误差出现在 $[-\sigma, +\sigma]$ 区间内的概率

$$P(-\sigma \leqslant \Delta x \leqslant \sigma) = \int_{-\sigma}^{+\sigma} f(\Delta x)\mathrm{d}\Delta x = \int_{-\sigma}^{+\sigma} \frac{1}{\sigma\sqrt{2\pi}} e^{\frac{-\Delta x^2}{2\sigma^2}} \mathrm{d}\Delta x = 68.3\%$$

即在大量测量当中,任一测量量的误差出现在 $[-\sigma, +\sigma]$ 之间的概率为 68.3%,误差区间称为置信区间,相应的概率称为置信概率。显然置信区间增大,置信概率提高,置信区间为 $[-2\sigma, +2\sigma]$ 时,置信概率为 95.5%,置信区间为 $[-3\sigma, +3\sigma]$ 时,置信概率为 99.7%,可见误差超出 $[-3\sigma, +3\sigma]$ 区间的可能性极小,所以常将 $\pm 3\sigma$ 称为极限误差。

2. 算术平均值

待测量的真值是客观存在的,在尽力消除系统误差的前提下,因为随机误差的存在,仍不能得到待测量的真值。在这种情况下,如何得到最接近真值的测量结果呢?根据随机误差抵偿性的特点,对一个待测量进行足够多次的重复测量后,测量值的算术平均值就是最接近真值的最佳估计值。

设在相同条件下,对某一待测量进行了多次测量,测量值分别为 $x_1, x_2, x_3, \cdots, x_n$,各次测量的随机误差分别为 $\Delta x_1, \Delta x_2, \Delta x_3, \cdots, \Delta x_n$,则

$$\Delta x_1 = x_1 - x_0$$
$$\Delta x_2 = x_2 - x_0$$
$$\vdots$$
$$\Delta x_n = x_n - x_0$$

将以上各式相加可得

$$\sum_{i=1}^{n} \Delta x_i = \sum_{i=1}^{n} x_i - n x_0$$

或

$$\frac{1}{n}\sum_{i=1}^{n} \Delta x_i = \frac{1}{n}\sum_{i=1}^{n} x_i - x_0 \tag{1.2}$$

用 $\bar{x}$ 代表算术平均值，则 $\bar{x} = \frac{1}{n}(x_1 + x_2 + \cdots + x_n) = \frac{1}{n}\sum_{i=1}^{n} x_i$，式(1.2)可变为 $\frac{1}{n}\sum_{i=1}^{n} \Delta x_i = \bar{x} - x_0$。

由随机误差的抵偿性可知，当测量次数足够多时，正负误差可以抵消，各误差的代数和趋于 0，即

$$\lim_{n \to \infty} \frac{1}{n}\sum_{i=1}^{n} \Delta x_i = 0$$

所以 $\bar{x} \to x_0$

由此可见测量次数越多，算数平均值越接近待测量的真值，当测量次数足够多时，可用算数平均值作为测量值的最佳估计值，这点也可以利用最小二乘法进行求证。

3. 标准偏差

由于真值是不能确切知道的，所以测量值的误差也不能确切知道。而误差不可避免地存在于一切科学实验和测量当中，因此仅能用算数平均值作为待测量的最佳估计值，用偏差（或残差）表示测量值与最佳估计值之差。即误差可用偏差代替，标准误差 σ 可用标准偏差 S_x 近似代替。根据误差理论，可以推导出标准偏差的表达式

$$S_x = \sqrt{\frac{\sum_{i=1}^{n}(x_i - \bar{x})^2}{n-1}}$$

上式称为贝塞尔公式。标准偏差代表了测量列的精密程度，标准偏差越小，测量的精密度越高。根据统计理论可知，测量列中每一个测量值的偏差落在 $[-S_x, +S_x]$ 区间内的概率为 68.3%。

对有限次测量来说，算数平均值并不等于真值，它也是一个随机变量。在完全相同的条件下，多次进行重复测量，每次得到的算术平均值也不完全相同，这说明算术平均值本身也具有离散性，也存在随机误差。因为算数平均值 $\bar{x}$ 比任何一次测量值都更接近真值，也就是 $\bar{x}$ 的可靠性比任意一次测量值都高，所以算术平均值的标准偏差必定小于测量列的标准偏差，由误差理论可以得到算数平均值的标准偏差为

$$S_{\bar{x}} = \frac{S_x}{\sqrt{n}} = \sqrt{\frac{\sum_{i=1}^{n}(x_i - \bar{x})^2}{n(n-1)}}$$

随着测量次数增加，算数平均值的标准偏差 $S_{\bar{x}}$ 减小。图 1.2 给出了 $S_{\bar{x}}$ 随测量次数 n 的变化关系。由图可知在 n 较大时，$S_{\bar{x}}$ 减小得很缓慢，尤其是当 $n > 10$ 之后，$S_{\bar{x}}$ 的减小已经非常不明显，同时测量的精度还要受仪器精度、实验条件、实验环境和测量者等因素的影响，

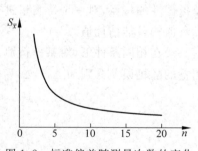

图 1.2 标准偏差随测量次数的变化

所以在实际测量中,单纯依靠增加测量次数来提高测量的准确度,其作用是有限的。一般原则是各重复测量值若起伏较大,就需要多测几次,若起伏较小就少测几次。对一个测量量至少先测 2~3 次,若各次测量值相同,说明仪器精度高,反映不出测量的随机误差,可按单次测量处理;若各次测量值不同,可进行多次测量,共测 5~10 次即可。

1.3 不确定度和测量结果的表示

在科学实验当中,一个完整的测量结果,不仅要给出待测量的测量值,还要对其测量误差进行评定,即对其测量结果的可信任程度进行评定。由于待测量的真值不可知,只能对测量误差给出某种可能的评估,不可能用测量误差来表示测量结果的可信赖程度。长期以来不同国家、不同行业对于测量误差的处理和表示很不统一,为此国际计量局(BIPM)、国际标准化(ISO)等组织先后提出并制定了《实验不确定度的规定建议书 INC-1(1980)》及《测量不确定度表示指南(1993)》,规定采用不确定度 Δ 替代误差来评定测量结果的质量。测量不确定度是与测量结果相关联的参数,用来表征由于测量误差的存在而对测量值不能肯定的程度,是对待测量真值在某个量值范围的评定。或者说不确定度表示了测量误差可能出现的范围,它的大小反映了测量结果的可信赖程度,不确定度越小,测量结果的可信赖程度越高,测量结果与真值越接近。任何一个测量结果都存在不确定度,因此一个完整的测量结果可以表示为

$$x = \bar{x} \pm \Delta (单位)$$

相对不确定度

$$E_r = \frac{\Delta}{\bar{x}} \times 100\%$$

1. 不确定度的分类

不确定度包含了各种不同来源的误差对测量结果的影响,根据其测量数据的性质和数值评定方法,在修正了可确定系统误差之后,将余下的误差分为可用概率统计方法计算的 A 类不确定度 Δ_A 和非统计方法估算的 B 类不确定度 Δ_B,在各不确定度分量彼此独立的情况下,可将 A 类不确定度和 B 类不确定度按"方和根"的方法合成,得到总的不确定度

$$\Delta = \sqrt{\Delta_A^2 + \Delta_B^2}$$

1) A 类不确定度

在测量次数足够多时,随机误差呈现正态分布,一般可用 $S_{\bar{x}}$ 来估算测量结果的标准误差,因此在不确定度中可用它作为 A 类不确定度。在实际测量中,一般只能进行有限次测量,这时随机误差服从 t-分布,也叫学生分布("Student"是 1908 年戈塞特发表 t-分布时所用的笔名)。t-分布和正态分布类似,只是 t-分布的峰值低于正态分布,而且上部较窄,下部较宽,因此要得到和无限次测量相同的置信概率,就需要在平均值标准偏差 $S_{\bar{x}}$ 的基础上乘以一个因子 $t_p(n-1)$,即 A 类不确定度为

$$\Delta_A = t_p(n-1)S_{\bar{x}} = \frac{t_p(n-1)}{\sqrt{n}}S_x$$

式中,因子 $t_p(n-1)$ 的值与置信概率 p 和测量次数 n 有关,表 1.1 中给出置信概率 $p=0.95$ 时不同测量次数和 $t_p(n-1)/\sqrt{n}$ 的对应关系,以便查用。

表 1.1　$p=0.95$ 时 n 与 $t_p(n-1)/\sqrt{n}$ 的对应关系

测量次数 n	2	3	4	5	6	7	8	9	10
$t_p(n-1)/\sqrt{n}$	8.98	2.48	1.59	1.24	1.05	0.93	0.84	0.77	0.72

2) B 类不确定度

B 类不确定度在测量范围内很难做出统计评定，一般由实验室根据具体情况近似给出，在很多直接测量中，主要考虑仪器误差这一主要因素。仪器误差是指在正确使用仪器的条件下，测量所得结果与待测量真值的最大误差，也称为误差限，用 $\Delta_{仪}$ 表示。仪器的准确度级别通常由制造工厂或计量机构使用更精确的仪器、量具，经过检定比较后给出，一般写在仪器的标牌或说明书中。由仪器的量程和级别等就可以计算出仪器的误差限。对一个待测量进行多次测量时，测量值都相同或基本相同，这并不表示不存在随机误差，而是因为误差较小，仪器的灵敏度比较低，不能反映其微小差异，这时可用仪器误差限作为测量结果的误差。如果仪器误差服从一定的分布规律，则仪器的标准偏差为

$$\sigma_{仪} = \frac{\Delta_{仪}}{C}$$

式中，C 为置信系数，与仪器测量误差的分布规律有关，如果知道仪器误差的分布规律，C 就可知，正态分布、均匀分布、三角分布对应的 C 分别为 3、$\sqrt{3}$、$\sqrt{6}$。可用 $\Delta_B = \frac{\Delta_{仪}}{C}$ 计算出 B 类不确定度；对于多数不知道仪器误差分布规律的情况，《指南》建议按均匀分布 $C=\sqrt{3}$ 处理，但这种建议可能与多数实际情况不符。因此约定，在普通物理实验中，大多数情况下直接用仪器误差限估算 B 类不确定度，即 $\Delta_B = \Delta_{仪}$。

2. 间接测量量的不确定度

实际工作中，大多数实验进行的测量都是间接测量。间接测量的结果是通过直接测量量的函数关系得到的，因此直接测量量的不确定度必然导致间接测量量的不确定度，这就是不确定度的传递。

设间接测量量 N 和彼此独立的直接测量量 $x,y,z,\cdots$ 之间的函数关系为

$$N = f(x,y,z,\cdots)$$

设 $x,y,z,\cdots$ 的不确定度分别为 $\Delta_x,\Delta_y,\Delta_z,\cdots$，间接测量量 N 的不确定度为 Δ_N，因为不确定度是一个微小量，可以借助微分手段来分析。对式两边取全微分：

$$dN = \frac{\partial f}{\partial x}dx + \frac{\partial f}{\partial y}dy + \frac{\partial f}{\partial z}dz + \cdots$$

也可先对式两边取自然对数，再取全微分：

$$\frac{dN}{N} = \frac{\partial \ln f}{\partial x}dx + \frac{\partial \ln f}{\partial y}dy + \frac{\partial \ln f}{\partial z}dz + \cdots$$

其中，dN 对应 Δ_N，$dx,dy,dz,\cdots$ 分别对应 $\Delta_x,\Delta_y,\Delta_z,\cdots$，式中各求和项称为不确定度项，各直接测量量不确定度前面的系数称为不确定度传递系数。考虑到不确定度合成的统计性质，间接测量量的不确定度合成采用"方和根"的形式，即

$$\Delta_N = \sqrt{\left(\frac{\partial f}{\partial x}\Delta_x\right)^2 + \left(\frac{\partial f}{\partial y}\Delta_y\right)^2 + \left(\frac{\partial f}{\partial z}\Delta_z\right)^2 + \cdots} \tag{1.3}$$

$$\frac{\Delta_N}{N} = \sqrt{\left(\frac{\partial \ln f}{\partial x}\Delta_x\right)^2 + \left(\frac{\partial \ln f}{\partial y}\Delta_y\right)^2 + \left(\frac{\partial \ln f}{\partial z}\Delta_z\right)^2 + \cdots} \tag{1.4}$$

对和差函数一般先用式(1.3)求出不确定度 Δ_N，再求相对不确定度 $E_r = \frac{\Delta_N}{N} \times 100\%$ 比较简便；对积商函数一般先用式(1.4)求出相对不确定度 E_r，再用 $\Delta_N = \bar{N} \cdot E_r$ 求解不确定度比较简便。

1.4 有效数字的记录与运算

1. 有效数字的基本知识

实验的基础是测量，因为任何测量都是存在误差的，所以测量结果的数值位数不能随意记录，必须能够准确地反映待测量的大小和测量的精度，这就需要用有效数字来表示。有效数字由可靠数字(准确数字)和存疑数字(欠准数字)组成。可靠数字是由测量仪器明确指示的，对同一待测量，不同测量者读到的准确数字是不会发生变化的。存疑数字通常由测量者估读得到，不同测量者估读的数字可能略有不同。估读位通常就是仪器最小分度的下一位。如何估读可根据测量的实际情况进行，一般可估读到最小分度值的 1/10、1/5、1/4、1/2；游标类量具一般不估读，特殊情况估读到最小分度的 1/2；数字式仪表、步进读数仪器(如电阻箱)不需要估读。例如用最小精度为 mm 的米尺测量物体长度时，测量结果为 17.2mm，其中"17"是由米尺上直接读到的可靠数字，"2"是测量者估读的存疑数字；用 50 分度的游标卡尺测量物体长度时，结果为 17.22mm，没有估读数字。存疑数字虽然是估读的，但它还是在一定程度上反映了测量的客观实际，因此它也是有效数字，不能随意增减。尤其要注意，读取整刻度值时，一定不能忘记估读"0"，比如用上述米尺测量物体长度刚好为 17mm，应该记录为 17.0mm。对于有效数字还应注意以下几点：

1) 有效数字中"0"的性质。非零数字前的"0"只起定位作用，不是有效数字，非零数字中间和后面的"0"都是有效数字。比如测量结果 0.0210m 有 3 位有效数字。

2) 有效数字位数和测量仪器有关。测量结果的有效数字一方面反映了待测量的大小，一方面反映了测量仪器的精度。比如用不同仪器测量同一物体的长度 l：

(1) 用最小分度为毫米的米尺测量，$l = 4.1$mm；

(2) 用 50 分度游标卡尺测量，$l = 4.12$mm；

(3) 用螺旋测微计测量，$l = 4.118$mm；

可见有效数字位数与测量仪器有关，有效数字位数越多，相对误差越小。

3) 有效数字的位数与小数点位置和单位换算无关。比如

$$1.4320\text{m} = 1.4320 \times 10^2 \text{cm} = 1.4320 \times 10^{-3}\text{km}$$

有效数字位数始终是 5 位，对于较大或较小的数值通常采用科学计数法($\times 10^{\pm n}$)表示，要求小数点前一般有一位有效数字。

2. 有效数字的运算规则

实验中进行的大多是间接测量，测量结果需要通过运算得出。运算结果的有效数字依据以下原则：①可靠数字间的运算结果仍为可靠数字；②可靠数字和存疑数字或存疑数字

间的运算结果为存疑数字,但进位数字为可靠数字;③运算结果只保留一位存疑数字。其后数字按"四舍六入五凑偶"的规则处理。

1) 加减运算:运算结果的存疑位与各数中存疑位数量级最大的对齐。

如:$10.2+3.145=13.3$

2) 乘除运算:运算结果的有效数字位数一般与各数中有效数字位数最少的相同,若两数首位相乘有进位时,多取一位。

如:$3.145\times10.2=32.079=32.1$

$3.145\times9.3=29.2485=29.2$

3) 乘方开方运算:运算结果的有效数字位数与其底的有效数字位数相同。

如:$\sqrt{144}=12.0$

$145^2=2.10\times10^4$

4) 函数运算

(1) 对数函数:运算结果小数点后有效数字位数与真数的有效数字位数相同。

如:$\ln 6.23=1.829$

(2) 三角函数:运算结果的有效数字由仪器的准确度确定,可将自变量的存疑位上下波动一个单位,观察结果在哪一位上变化,即为存疑位。

(3) 指数函数:运算结果用科学记数法表示,小数点前一位有效数字,小数点后有效数字位数与指数小数点后有效数字位数相同。

对于计算过程中间的数据,可以比上述原则多保留一位存疑数字,以防止多次取舍造成的附加误差。最后结果的有效数字由不确定度决定。

3. 测量结果的有效数字

1) 不确定度的有效数字

根据国家技术规范 JJF1059—1999《测量不确定度评定与表示》的规定,测量结果的不确定度一般保留 1~2 位有效数字,可以根据实际情况合理选择。通常当首位有效数字≥3 时,保留一位有效数字;当首位有效数字<3 时,保留两位有效数字;后面的数字采用进位法舍去,即"非零即进"。例如不确定度 0.0143m 应改为 0.015m。

2) 测量值的有效数字

测量值的有效数字位数由不确定度决定。在保证相同单位、相同幂次的情况下,测量值最后一位有效数字和不确定度最后一位有效数字取齐。例如 $l=(1.8465\pm0.015)$m 应改为 $l=(1.846\pm0.015)$m,对测量值的舍去位采用"四舍六入五凑偶"的原则。

1.5 实验数据处理的基本方法

对采集的原始数据进行科学而合理的记录、整理、计算、分析,从中找出相关物理量的关系,研究物质的特性,验证相关的理论,这就是数据处理。数据处理是实验必不可少的重要组成部分,不同的实验用到的数据处理方法也不尽相同,下面介绍常用的几种数据处理方法。

1. 列表法

列表法就是在记录和处理数据时,把测量数据和相关的计算结果,按一定的规律列成表格的方法。它的优点是可使数据记录清晰直观,条理清楚,能够简单明确地反映测量量之间的关系,易于找出数据的规律和存在的问题。能够科学合理地设计数据表格是科学工作者必备的基本素质。

数据表格没有统一的格式,但在设计表格时应注意以下几点:

(1) 表格上方应有表头,写明所列表格的名称;
(2) 合理设计表格形式,注意记录数据之间的关系和计算的顺序;
(3) 各栏目必须标明物理量的名称、单位和数量级;
(4) 表格中的数据要正确反映测量结果的有效数字;
(5) 充分注意数据之间的关系,标明主要计算公式。

2. 作图法

1) 作图法的基本原则

作图法就是在坐标纸上将测量数据之间的关系和变化情况直观地表示出来,是一种常用的数据处理方法。利用作图法可以有效地研究物理量之间的变化规律,找出对应的函数关系和经验公式,求出相关常数。为了使图线能清晰定量地反映物理量之间的关系,并能从图上准确确定物理量的量值或求出相关常量,必须注意以下原则:

(1) 选取坐标纸。坐标纸有直角坐标纸(毫米坐标纸)、双对数坐标纸、单对数坐标纸和极坐标纸等,可根据相关量之间的规律进行选择,通常用的是直角坐标纸。

(2) 确定坐标轴的标记和分度。作图时,通常以横坐标代表自变量,纵坐标代表因变量,标明坐标轴代表的物理量的符号、单位和数量级。

坐标轴的分度由测量数据的有效数字确定,测量数据的可靠位在图上也应该是可靠的,存疑位在图上也是估读的,即不因作图而引入误差。

在坐标轴上每隔一定距离就要标明分度值,标记所用有效数字位数应和原始数据的有效数字位数相同,单位与坐标轴的单位一致。坐标轴的分度一般取1、2、5分度,保证不需要计算就可以方便快捷地确定各点的坐标。

选取适当的比例和坐标轴的起点,使图线可以相对均匀地充满坐标纸。坐标分度不一定从零开始,可选小于原始数据最小值的某一整数作为起点,高于原始数据最大值的某一整数作为终点。

(3) 标点。根据测量数据,用"+"或"⊙"标出各数据点在坐标纸上的位置,记号的交叉点或圆心应是数据点的坐标位置,"+"中的横竖线大小或"⊙"中的半径大小表示测量点的误差范围。若在同一坐标纸上画不同图线,标点应用不同符号,同时应在不同图线旁加上文字标注,以便识别。

(4) 连线。除仪器仪表的校正图线要连成折线外,一般应根据数据点的分布和趋势连成平滑的直线或曲线,连线时可以选用直尺或曲线板等工具。所绘图线应该通过尽可能多的数据点,不在图线上的点应尽量均匀分布在图线的两侧。

(5) 注解和说明。在图的显著位置注明图的名称、作图者、作图日期和必要的简短说明。

2) 图解法

利用已做好的实验图线,定量求解待测量或得到经验公式的方法称为图解法。当图线

为直线时尤为方便,此时自变量 x 和因变量 y 之间满足线性关系:
$$y = ax + b$$
式中,a 为斜率,b 为截距。通过对直线的斜率和截距的分析,可以得到相关物理量。例如刚体转动定律实验中,通过对直线斜率的分析可以得到刚体的转动惯量,通过对截距的分析可以得到刚体的摩擦力矩。

图解法处理线性关系的步骤如下:

(1) 选点。在直线两端任取两点 $A(x_1, y_1)$、$B(x_2, y_2)$,通常不选实验点,并用不同于实验点的符号标出,注明其坐标值(注意有效数字),两点不能太近,在实验数值范围内两者距离尽量远。

(2) 求斜率。设线性方程为 $y = ax + b$,则
$$a = \frac{y_2 - y_1}{x_2 - x_1}$$

(3) 求截距。如果横坐标轴起点为零,则可直接从图上读取截距 b 的值;如果横坐标轴起点不为零,则
$$b = \frac{x_2 y_1 - x_1 y_2}{x_2 - x_1}$$

3) 曲线改直

实际工作中,物理量之间的关系并不一定都是线性关系,但是在很多情况下,非线性关系可以通过适当的数学方法转换为线性关系,从而给实验数据的处理带来很大的方便。

常见的可以线性化的函数如下:

(1) $y = ax^b$,a, b 为常量

两边取常用对数 $\lg y = b \lg x + \lg a$

$\lg y$ 与 $\lg x$ 成线性关系,b 为斜率,$\lg a$ 为截距。

(2) $y = ae^{-bx}$,a, b 为常量

两边取自然对数 $\ln y = -bx + \ln a$

$\ln y$ 与 x 成线性关系,$-b$ 为斜率,$\ln a$ 为截距。

(3) $y = a \cdot b^x$,a, b 为常量

取对数 $\lg y = \lg b \cdot x + \lg a$

$\lg y$ 与 x 成线性关系,$\lg b$ 为斜率,$\lg a$ 为截距。

(4) $xy = C$,C 为常量

则有 $y = \dfrac{C}{x}$

y 与 $\dfrac{1}{x}$ 成线性关系,C 为斜率。

3. 最小二乘法和线性拟合

用作图法进行数据处理虽然有直观、简便等很多优点,但它是一种粗略的数据处理方法。同一组测量数据,不同的实验者在拟合直线(或曲线)时,由于个人主观因素,可能会得到不同的结果。根据一组实验数据,想要找出最佳拟合效果,应该采用严格的数学解析方法,其中最常用的方法是最小二乘法。利用最小二乘法得到的变量之间的关系称为回归方

程，所以最小二乘法拟合也称为最小二乘法回归。

最小二乘法的内容为：如果有一组数据 x_i，则这组数据与其算术平均值 $\bar{x}$ 之差 δx_i 的平方和 $\sum \delta x_i^2$ 必为最小，即如果有一组数据与某一数据之差的平方和最小，则这一数据必为该组数据的平均值。利用最小二乘法进行拟合的原理也是如此：最佳拟合直线上各相应点的值与各测量值之差的平方和，应是各拟合直线中最小的。

假设两个物理量 x 和 y 之间满足线性关系 $y=a+bx$，用最小二乘法拟合出最佳直线，就是要找出回归方程的系数 a、b 的值。由等精度测量得到一组数据 $x_1,x_2,\cdots,x_n;y_1,y_2,\cdots,y_n$。为了讨论简便，假定自变量 x_i 是准确的，不存在误差，误差只发生在因变量 y_i。如果两者都有误差，只要把误差相对较小的变量作为自变量即可。对于和某个 x_i 对应的 y_i 与直线在 y 方向上的偏差为

$$v_i = y_i - (a+bx_i)$$

按最小二乘法应使

$$s = \sum_{i=1}^{n} v_i^2 = \sum_{i=1}^{n}(y_i - a - bx_i)^2$$

取最小值。由一阶微商等于零得

$$\frac{\partial s}{\partial a} = -2\sum_{i=1}^{n}(y_i - a - bx_i) = 0$$

$$\frac{\partial s}{\partial b} = -2\sum_{i=1}^{n}(y_i - a - bx_i)x_i = 0$$

整理得

$$a + b\bar{x} = \bar{y}$$

$$a\bar{x} + b\overline{x^2} = \overline{xy}$$

式中，$\bar{x} = \frac{1}{n}\sum_{i=1}^{n} x_i, \bar{y} = \frac{1}{n}\sum_{i=1}^{n} y_i, \overline{x^2} = \frac{1}{n}\sum_{i=1}^{n} x_i^2, \overline{xy} = \frac{1}{n}\sum_{i=1}^{n} x_i y_i$。

联立求解可得

$$a = \bar{y} - b\bar{x}$$

$$b = \frac{\bar{x}\cdot\bar{y} - \overline{xy}}{\bar{x}^2 - \overline{x^2}}$$

由上式计算得到的 a、b，就是线性回归方程中的待定系数 a、b 的最佳估计值，将 a、b 代入线性方程 $y=a+bx$，即可得到该组数据所拟合出的最佳直线方程。

由于应变量 y_i 存在明显的随机误差，故得到的系数 a、b 也存在误差。一般来说，如果测量值 y_i 的偏差大（即数据点与直线的偏离大），则求出的 a、b 值的误差也大，因此得到的线性回归方程的可靠性就差，反之得到的线性回归方程的可靠性就好。可以证明在只有 y_i 具有明显随机误差的情况下：

截距 a 的实验标准差为

$$S_a = \frac{\sqrt{\overline{x^2}}}{\sqrt{n(\overline{x^2} - \bar{x}^2)}} S_y$$

斜率 b 的实验标准差为

$$S_b = \frac{1}{\sqrt{n(\overline{x^2} - \overline{x}^2)}} S_y$$

式中 S_y 为测量值 y_i 的实验标准差：

$$S_y = \sqrt{\frac{\sum_{i=1}^{n}(y_i - a - bx_i)^2}{n-2}}$$

为了检验所拟合的线性方程是否合理，也即判断 x、y 之间是否满足线性关系，引入相关系数 r：

$$r = \frac{l_{xy}}{\sqrt{l_{xx} \cdot l_{yy}}} = \frac{\overline{xy} - \overline{x} \cdot \overline{y}}{\sqrt{(\overline{x^2} - \overline{x}^2)(\overline{y^2} - \overline{y}^2)}}$$

式中，$l_{xy} = \sum(x_i y_i) - \frac{1}{n}\sum x_i \sum y_i$，同理可以表示 l_{xx}, l_{yy}。相关系数 r 反映了数据的线性相关程度，可以证明，$|r| \leqslant 1$。$|r|$ 越接近 1，表示数据的线性关系越好；若 $|r|$ 远小于 1 而接近 0，则可认为数据间不存在线性关系，必须重新寻找其他函数关系。

习题

1. 判断下列情况产生的误差属于系统误差，还是随机误差。
（1）米尺的分度不均匀
（2）天平未调水平
（3）检流计未调零
（4）电源电压不稳定引起的测量值起伏
（5）忽略空气浮力对称量的影响
（6）电表的接入误差
（7）用伏特表多次读取某一稳定电压时，各次读数略有不同

2. 指出下列各量各含有几位有效数字，并按"四舍六入五凑偶"原则保留 3 位有效数字，然后按科学计数法表示。
（1）2.0725cm　　　　（2）245.64g　　　　（3）1428.65m/s
（4）0.03215kg　　　　（5）78.659s　　　　（6）3155km

3. 改正下列错误，写出正确答案。
（1）$m = (6.431 \pm 0.121)$g
（2）$d = (0.456 \pm 0.041)$mm
（3）$D = (13562 \pm 200)$m
（4）$R = 6371$km $= 6371000$m

4. 推导圆柱体密度 $\rho = \frac{4m}{\pi D^2 H}$ 的不确定度合成公式 $\frac{\Delta_\rho}{\rho}$（"方和根"合成）。

5. 利用单摆测量重力加速度，在摆角很小时，$g = \frac{4\pi^2 L}{T^2}$，式中 L 为摆长，T 为周期，它们的测量结果分别为 $L = (96.87 \pm 0.03)$cm，$T = (1.9762 \pm 0.0012)$s。试求重力加速度的测

量结果。

6. 用一级千分尺(示值误差限为 0.004mm)测量钢丝直径,共测 6 次,测量值分别为 0.517mm、0.514mm、0.518mm、0.516mm、0.517mm、0.520mm,仪器初始值为 0.006mm,求钢丝直径的测量结果。

7. 用伏安法测电阻,测量数据如下:

U/V	0.00	1.00	2.00	3.00	4.00	5.00	6.00
I/mA	0.00	1.52	2.99	4.53	6.01	7.48	8.98

用直角坐标纸作图,从图线上求出电阻 R。

第2章

大学物理实验

实验1 刚体定轴转动定律

转动现象在日常生活和各种自然现象中广泛存在,刚体转动定律则是描述刚体这种理想化抽象模型的转动状态随所受外力矩作用而变化的规律,本实验只研究刚体作定轴转动的特点和规律。

【实验目的】

1. 用实验方法验证刚体的定轴转动定律,并求其转动惯量;
2. 学会用作图法处理实验数据。

【实验仪器】

转动实验仪、停表(0.01s)和米尺(1mm)、砝码(25.00g)等。

转动体系主要部件有:承物台、绕线塔轮(塔轮上有 5 个不同半径的绕线轮,各轮半径分别为 1.50、2.00、2.50、3.00、3.50cm)、过线滑轮和钩挂砝码 m。承物台、塔轮一起组成可绕固定轴转动的刚体系。将选定砝码钩挂线的一端打结,沿塔轮上开的细缝塞入,并绕于所选的轮上,其另一端可通过滑轮和砝码相连,砝码在重力作用下加速下落,并通过相连的细线给刚体系施加外力矩带动刚体系作定轴转动,滑轮支架高度可自由升降,以保证当细线绕塔轮的不同半径时都可以保持与转动轴相垂直。木块用于标记砝码下落起始位置。

图 1 转动实验仪

【实验原理】

当刚体绕固定轴转动时,根据转动定律,刚体转动的角加速度与刚体所受的合外力矩在

轴方向上的分量成正比,与刚体绕该轴的转动惯量成反比,即
$$M = J\alpha \tag{1}$$
其中,M 是刚体所受的合外力矩,J 是刚体对该轴的转动惯量 $\left(J = \int r^2 \mathrm{d}m\right)$,它是表征刚体在定轴转动中惯性大小的量度,$\alpha$ 为刚体的角加速度。在本转动实验仪中,刚体系所受外力矩是细线的张力矩和轴上的摩擦力矩。当略去滑轮及细线的质量、滑轮轴上的摩擦力,并认为绳子长度保持不变时,应用刚体定轴转动定律可得
$$rT - M_\mu = J\alpha \tag{2}$$
$$a = r\alpha \tag{3}$$
式中,T 为细线的张力,r 为塔轮的绕线半径,M_μ 为轴上的摩擦力矩,a 为塔轮边缘处的线加速度。

将砝码作为研究对象,根据牛顿第二运动定律得
$$mg - T = ma \tag{4}$$
其中,g 为重力加速度,a 为砝码的加速度,也为塔轮边缘处的线加速度。对应于一定的 r、m、J,砝码的加速度为常量,因而砝码从静止开始匀加速下落,砝码下落的高度 h 与下落所用时间 t 的关系满足
$$h = \frac{1}{2}at^2 \tag{5}$$
由式(2)~式(5)联立可得
$$m(g-a)r - M_\mu = \frac{2hJ}{rt^2} \tag{6}$$
在实验过程中如果能够保持 $a \ll g$,则式(6)中 a 可忽略,同时若保持 h、m、M_μ 不变,保持待测刚体系 J 也不变,实验中只改变塔轮半径 r,则有
$$mgr - M_\mu = \frac{2hJ}{rt^2} \tag{7}$$
整理得
$$r = \frac{2hJ}{mg} \cdot \frac{1}{t^2 r} + \frac{M_\mu}{mg} = K\frac{1}{t^2 r} + C \tag{8}$$
式中
$$K = \frac{2hJ}{mg}; \quad C = \frac{M_\mu}{mg}$$

在直角坐标纸上作 $r \sim \frac{1}{t^2 r}$ 图,如果所作图为一直线,则说明刚体定轴转动定律 $M = J\alpha$ 是成立的。

利用 $r \sim \frac{1}{t^2 r}$ 图还可得到直线斜率 K 和截距 C,进而由直线斜率 K 求出刚体系转动惯量 J,由截距 C 求出轴上的摩擦力矩 M_μ。

【实验步骤】

1. 调节转动实验仪底座下的调平螺丝,使底座处于水平状态,实验中不可再旋转螺丝,以保证摩擦力矩不变。

2. 将实验用细线的一端打一适当大小的结从塔轮上开的细缝塞入,并密绕于所选塔轮

半径 $r=1.50$cm 的轮上,细线缠绕塔轮时应单层密绕逐次排列。

3. 将细线搭在滑轮 C 上,通过滑轮 C 连接 $m=25.00$g 的砝码,调节滑轮高度和方位,使细线与塔轮转轴相垂直并且置于滑轮的线槽中。

4. 选定砝码下落起点到地面的高度并保持不变,使砝码由该固定高度从静止开始下落,砝码在重力作用下带动体系加速转动,放手让 m 下落同时用停表测量砝码下落到地面所需时间 t_0,重复三次。

5. 改变塔轮绕线半径 r,使其依次取 2.00、2.50、3.00、3.50cm,重复上述步骤,测出相应的时间 t。

6. 用米尺测出固定高度 h。

数据表格可参考表1。

表 1 数据表格

$h=$

r/cm \ t/s	t_1	t_2	t_3	$\bar{t}$	$1/(\bar{t}^2 r)$
1.50					
2.00					
2.50					
3.00					
3.50					

【数据处理】

1. 计算 $\bar{t}$ 和 $1/(\bar{t}^2 r)$,作 $r \sim 1/(\bar{t}^2 r)$ 图,并由此得出相应的实验结论。

2. 根据 $r \sim 1/(\bar{t}^2 r)$ 图读出 C,算出 K,并由 K 求出 $J=$ _____ kg·m²,由 C 求出 $M_\mu=$ _____ N·m。

【注意事项】

1. 实验中应始终保持刚体系转轴铅直固定;

2. 绕线时忌乱绕重叠各匝挤压;

3. 及时升降滑轮的支架,使细线绕不同半径的塔轮时尽可能与塔轮转轴相垂直;

4. 把握好砝码运动与停表启动计时一致,避免计时误差。

【预习思考】

1. 在实验过程中要求保持 $a \ll g$,如何才能实现这个条件?

2. 实验中 r、m、h 等参数的取值大小不同对实验有何影响?

【分析讨论】

1. 该实验忽略 a 对实验有何影响?

2. 分析该实验中影响测量结果的因素有哪些,如何减少它们对实验产生的影响?

实验 2 导轨上的一维运动

运用小车在导轨上的近似无摩擦运动来研究物体在一维状态下的运动规律能得到较高精度的实验结果。实验中用传感器连续检测被测物理参量的变化情况,在此基础上,利用模数转换器作为计算机接口,实现模数转换,最终用计算机进行数据处理。该实验的特点是:(1)综合性较强;(2)使用不同的传感器及实验软件配置能够完成多种实验项目。下面以验证变力情况下的动量定理为例来说明如何设计和应用导轨上的一维运动实验项目。

【实验目的】

验证在变力作用下的冲量与动量变化的关系。

【实验仪器】

Edislab400 数字实验系统,静力传感器,光电门传感器,力学轨道,挡光片,小车,天平。实验装置如图 1 所示。

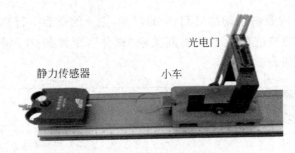

图 1　实验装置图

【实验原理】

在水平的力学轨道,在小车的前端装上弹簧圈,当它运动到另一端时与静力传感器相碰,通过静力传感器及数据采集系统,在计算机上通过实验软件可以得到碰撞过程中小车受力随时间的变化曲线,对小车受力在碰撞时间内对时间进行积分,其结果即为小车受力 F 冲量的大小。通过光电门传感器,可以测出小车在碰撞前后的速度大小,通过测量小车的质量,即可算出前后的动量变化 ΔP。根据动量定理 $I = \int F \mathrm{d}t = \Delta P$,比较冲量 I 与 ΔP 的大小,即可对动量定理进行验证。

【实验步骤】

1. 调整导轨,使导轨处于水平状态。用天平测出小车(含挡光片)的质量(注意有效数字)。

2. 将光电门传感器,静力传感器固定在力学轨道上,并分别接入数据采集器。

3. 打开 EDISLAB 实验软件,选择物理实验中的动量定理(变力)。打开程序后在"实验配置"中将"采集参数"设为"光电门上升沿触发启停"并将采样频率设为 1000 点/s。将静力传感器的量程设为 ±10N。

4. 在表格属性中增加实验所需的物理量。其中 m 为小车的质量,在输入小车质量时,应以 kg 为单位,并注意保留测量过程中的有效数字。v 为小车通过光电门时的速度。t_1 为挡光片的挡光时间,ΔP 为小车前后的动量变化(注意方向性),Ft 为在碰撞中小车的冲量。表格如表 1 所示。

5. 点击"开始",并轻推小车,使其经过光电门后与静力传感器发生碰撞,然后再次经过光电门传感器,程序会自动"停止",得到一组实验数据。

表1

	t/s 时间	F/N 力	t_1/s 计时	m 质量	v 速度	v_1 初速度	v_2 末速度	δP 动量	Ft 冲量
1									
2									
3									
4									
5									

6. 把第一行的 v 的数值手动拷贝到 v_1 的位置,把 v 的最后一行数值拷贝到 v_2 的位置。在"数据分析"中对在碰撞过程中 F 对时间关系"积分",则得到这一冲量积分值,如图2所示。将冲量手动输入到表2中。

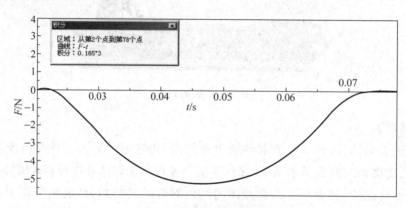

图2 冲量积分值

7. 重复上述实验得到多组实验数据,如表2所列。

表2

	t/s 时间	F/N 力	t_1/s 计时	n 数据列	y 数据列	y_1 数据列1	y_2 数据列2	δP/δ 数据列3	Ft 数据列4
1	0.0000000	0.018	0.034621	0.153	0.577684	0.661398	0.578269	0.189669	0.18231
2	0.0010000	0.035	0.000000	0.153		0.757518	0.659152	0.216751	0.20785
3	0.0020000	0.053	0.000000	0.153		0.645619	0.554847	0.183671	0.18685
4	0.0030000	0.029	0.000000	0.153		0.676224	0.60641	0.196243	0.1903
5	0.0040000	0.041	0.000000	0.153		0.548426	0.516249	0.162895	0.15618
6	0.0050000	0.053	0.000000	0.153		0.554078	0.521989	0.164638	0.16141
7	0.0060000	0.053	0.000000	0.153		0.669478	0.638325	0.200094	0.19453
8	0.0070000	0.064	0.000000	0.153		0.568101	0.531943	0.168307	0.16205
9	0.0080000	0.053	0.000000	0.153		0.577684	0.54808	0.172242	0.16557

注意:小车受到人为干扰的数据应予以剔除。

【数据处理】

将表2中的数据进行整理后填入表3中。

(1) 用表 3 中的数据，计算出每次碰撞后，小车动量变化及其冲量的绝对误差和相对误差。

(2) 用表 3 中的数据，计算出小车动量变化及其冲量的绝对误差和相对误差的平均值。根据实验允许误差阈值范围为 5%，判断实验结果是否验证了动量定理。

表 3

序号	m	v_1	v_2	ΔP	I	绝对误差	相对误差
1							
2							
3							
4							
5							
6							
7							
8							
9							

【注意事项】

(1) 推动小车运动前应检查小车上挡板是否碰到光电门，如果碰到光电门，应对光电门位置进行调整。

(2) 实验过程中，小车速度过快时，容易滑出导轨，一定要注意不要让小车速度过快。

【预习思考】

(1) 变力的动量定理的数学表达式是什么？

(2) 导轨如不水平（发生倾斜），对该实验误差有没有影响？具体说明。

(3) 小车和导轨之间的摩擦力对实验误差有何影响？

(4) 小车的车速快慢对实验误差有何影响？

(5) 小车的弹簧在碰撞过程中吸收了一部分能量并将其转化为热能，这对实验误差有何影响？

(6) 光电门与静力传感器的距离远近对实验误差有何影响？

【分析讨论】

(1) 本实验过程中，产生误差的主要原因有哪些？深入分析产生误差的主要原因，并给出具体解决建议。

(2) 本实验在传感器设置中，为什么要将静力传感器的测量范围设为 10N，而不是 50N？与手动采集数据相比，本实验中采用计算机进行数据采集的主要优点是什么？

(3) 如果实验允许误差阈值范围为 5%，则所得到的实验结果是否验证了动量定理？如超出该阈值，请详细说明超出的主要原因。

实验 3　钢丝杨氏模量的测定

【实验目的】

1. 学会用光杠杆法测量杨氏弹性模量；

2. 掌握光杠杆法测量微小伸长量的原理；

3. 学会用逐差法处理实验数据;
4. 学会不确定度的计算方法及结果的正确表达。

【实验仪器】

尺度望远镜(标尺—15~15cm,0.1)(见图1)、杨氏模量测定仪、光杠杆、钢卷尺(0~200cm,0.1)、游标卡尺(0~150mm,0.02)、螺旋测微器(0~25mm,0.01)、砝码等。

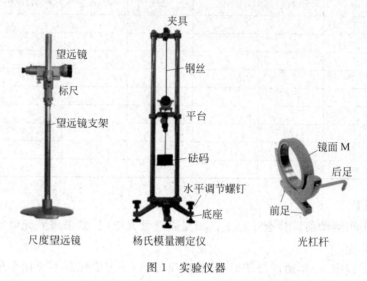

图1 实验仪器

【实验原理】

在外力作用下,固体发生形状变化,即形变,它可分为弹性形变和塑性形变两种。最简单的形变是钢丝受到外力后的伸长和缩短。本实验中,只研究金属钢丝弹性形变,为此,应当控制外力的大小,以保证外力去掉后,物体能恢复原状。设钢丝长为 L,截面积为 S,沿长度方向施力 F 后,钢丝伸长 ΔL,则在钢丝的弹性限度内,有

$$E = \frac{F/S}{\Delta L/L}$$

我们把 E 称为杨氏弹性模量。要想求 E,就要知道 F、S、L、ΔL。

F:钢丝受到垂直方向的外力(也就是测量架平台下端所加砝码的重力)。每一个砝码的质量为 1kg,所以加 n 个砝码时,$F=G=nmg$(天津地区 $g=9.80101 \text{m/s}^2$)。

S:钢丝的横截面积。设钢丝直径为 d,则截面面积 $S=\frac{1}{4}\pi d^2$,钢丝的直径可由螺旋测微器或游标卡尺进行测量。

L:在未加外力时,钢丝的原长。钢丝的原长可用卷尺进行测量(注意:读数时要估读到最小分度值的下一位)。

ΔL:由于施加外力,钢丝的伸长量。ΔL 非常小,所以需要用光杠杆原理来获得。

光杠杆原理如图2所示。

初始时:调整平面镜 M 的法线和望远镜光轴在同一水平线上,且望远镜光轴和标尺垂直,从望远镜中读取叉丝所指标尺数为 n_0。

增加砝码时:钢丝受力向下有微小伸长 ΔL,光杠杆后足尖脚随之下降 ΔL,平面镜转过一个角度 θ,根据反射定律,望远镜观测的反射线与对应的入射光线夹角将转过 2θ,此时,在

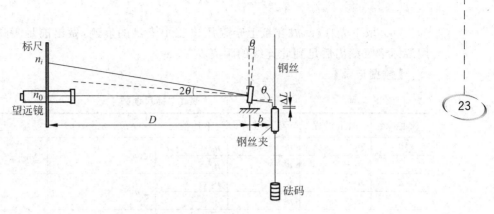

图 2　光杠杆原理图

望远镜中可读到叉丝所指标尺的另一数 n_i。

设平面镜到标尺的距离为 D，光杠杆后足尖脚到两前足尖脚连线间距离为 b，n_i 与 n_0 的距离为 Δn。

$$\left.\begin{array}{l}\dfrac{\Delta L}{b}=\tan\theta\approx\theta\\[6pt]\dfrac{\Delta n}{D}=2\theta\end{array}\right\}\Rightarrow \Delta L=\dfrac{b}{2D}\cdot\Delta n\quad(\Delta n=n_i-n_0)$$

$$E=\dfrac{\dfrac{F}{S}}{\dfrac{\Delta L}{L}}=\dfrac{8FLD}{\pi d^2 b\cdot\Delta n}$$

【实验内容与步骤】

1. 调整杨氏模量测定仪底脚螺钉，使夹住钢丝下端的小圆柱位于平台圆孔中间处于自由状态。

2. 调节光杠杆和望远镜，直至从望远镜中能够看清标尺中部刻度。

(1) 粗调：使望远镜与平面镜等高，并对准镜面。将望远镜置于平面镜前 1.5m 左右，调节标尺铅直并使标尺平面和平面镜平行。移动望远镜镜筒至上方准星方向能对准平面镜中反射的标尺像的中心，调整聚焦螺旋至看清标尺像。

(2) 细调：从望远镜内观察，细调尺度望远镜，使标尺的像位于视场。再次调节望远镜调焦手轮，以便得到最清晰的标尺的像。

注意：(1) 光学系统一经调好，在测量过程中不能再移动。

(2) 分划板水平刻线最好与标尺刻度的中间位置相重合。

3. 测量

(1) 测量前预加一个砝码(1kg)，将钢丝拉直，作为附加荷重为零。

(2) 随后依次在砝码钩上加挂砝码(每次增加砝码 2kg，加 5 次，并注意砝码应交错放置整齐)，待砝码静止后，在表 1 中记下相应的标尺读数 $n_0, n_1, n_2, n_3, n_4, n_5$。后依次减少砝码(每次 2kg，减到 1kg 为止即荷重为 0kg)。记下相应的标尺读数 $n_5, n_4, n_3, n_2, n_1, n_0$。

(3) 用千分尺在钢丝不同部位测量其直径，记入表 2 中。

(4) 用钢卷尺测量标尺平面到光杠杆小镜面的水平距离 D，记入表 3 中。

(5) 用钢卷尺测量钢丝的长度 L(注意测量部位)，记入表 3 中。

（6）取下光杠杆,放在纸上轻轻压出三个尖足的痕迹,做出前足尖脚两个痕迹的连线,用游标卡尺测出后足到此连线的距离 b。

【数据记录】

表 1　标尺读数　　　　　　　　　　　　　　　　　　　　　　　mm

载重/kg	增重过程	减重过程	平均值 $\overline{n_i}$	$\Delta n_i = \overline{n_{i+3}} - \overline{n_i}$	$\Delta n_i - \Delta \overline{n}$ 残差
0	$n_0 =$	$n_0 =$	$\overline{n_0} =$	$\Delta n_0 =$	$\Delta n_0 - \Delta \overline{n} =$
2	$n_1 =$	$n_1 =$	$\overline{n_1} =$		
4	$n_2 =$	$n_2 =$	$\overline{n_2} =$	$\Delta n_1 =$	$\Delta n_1 - \Delta \overline{n} =$
6	$n_3 =$	$n_3 =$	$\overline{n_3} =$		
8	$n_4 =$	$n_4 =$	$\overline{n_4} =$	$\Delta n_2 =$	$\Delta n_2 - \Delta \overline{n} =$
10	$n_5 =$	$n_5 =$	$\overline{n_5} =$		

表 2　金属丝直径测量

初始读数 $d_0 =$ ＿＿＿＿ mm　　　实际值＝直测值 $\pm |d_0|$

直径 d/mm	1	2	3	4	5	6	平均直径
直测值							
实际值							

表 3　其他测量值

镜尺距离/mm	钢丝长度/mm	光杠杆常数/mm
$D =$	$L =$	$b =$

【注意事项】

1. 切勿用手触摸反射镜面和望远镜镜头。
2. 将系在光杠杆上的挂绳挂好,防止坠落损坏镜面。
3. 避免用力旋转望远镜调焦旋钮。
4. 加减砝码应平稳防止产生冲击力。

【思考题】

1. 如果金属丝圆柱形活动夹和平台圆孔间有摩擦力存在,对实验结果将有何影响?实验中如何减小这种影响?
2. 实验中,各长度量用不同的量具来测量,这是根据什么考虑的?
3. 光杠杆测量微小长度变化量的原理是什么?有何优点?

实验 4　用三线摆测量转动惯量

转动惯量是刚体转动惯性的量度,是研究、设计、控制转动物体运动规律的重要参数。刚体的转动惯量与刚体的质量分布和转轴的位置有关。对于形状简单的均匀刚体,测出其外形尺寸和质量即可计算其转动惯量,而形状复杂、质量分布不均匀的刚体则往往难以精确计算,通常利用转动实验来测定其转动惯量。常用的实验方法有三线摆、复摆、扭摆等,而三线摆法操作简单,适合测量各种形状和质量分布物体的转动惯量,在理论和技术上都有重要的意义。本实验的任务是用三线摆测量圆盘(或圆环)的转动惯量。

【实验目的】

1. 了解三线摆测量转动惯量的原理和方法。
2. 学习水平仪、游标卡尺和停表的使用,掌握内、外直径和周期等量的测量方法。
3. 测量圆盘和圆环的转动惯量并通过比较讨论质量分布对转动惯量的影响。

【实验原理】

图 1 为三线摆实验装置示意图。

上旋盘通过摩擦较大的转轴固定在横梁上,横梁由立柱和底座支撑着,三根对称分布的等长悬线将下旋盘与上旋盘相连,轻轻转动上旋盘就可以使下旋盘绕中心轴作扭摆运动。当悬线足够长,下旋盘的摆角很小(一般 $\theta<5°$),并且忽略摩擦、空气阻力和悬线扭力的影响时,可以通过测量求出下旋盘绕中心轴的转动惯量。

下面简要说明利用刚体定轴转动定律推导转动惯量公式的过程,详细过程可参见本实验附录。

图 2 是三线摆实验原理图,由几何关系可得

$$H = \sqrt{L^2 - (R-r)^2} \tag{1}$$

式中,H 为上下旋盘间垂直距离,L 为悬线长度,R 为下旋盘半径,r 为上旋盘半径。

当下旋盘转动一个角度 $\theta<5°$ 时,下旋盘上升的高度 $h \ll H$(推导见本实验附录),可以忽略不计。下旋盘上下平动的加速度远小于重力加速度 g(推导见本实验附录),近似可认为三线摆悬线对下旋盘的拉力在竖直方向上的分力为 mg,由此可以求得悬线的拉力对中心轴产生的力矩为

$$M \approx -\frac{mgRr}{H}\theta \tag{2}$$

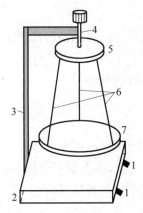 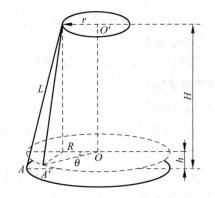

图 1　三线摆实验装置示意图　　　　图 2　三线摆实验原理图

1—底脚螺丝；2—底座；3—立柱；4—横梁；
5—上旋盘；6—悬线；7—下旋盘

将式(2)代入刚体定轴转动定律 $M=J\beta$ 并整理可得

$$\frac{d^2\theta}{dt^2} + \frac{mgRr}{JH}\theta = 0 \tag{3}$$

解方程(3)即可得出下旋盘作简谐运动,周期为

$$T = 2\pi\sqrt{\frac{JH}{mgRr}} \tag{4}$$

整理式(4)可解出下旋盘的转动惯量

$$J = \frac{mgRr}{4\pi^2 H}T^2 \tag{5}$$

公式(5)也可以按照能量守恒定律来推导,详见本实验附录:转动惯量公式(5)的推导。

由于实验室中测量圆盘的直径比较容易,可以将式(1)变成

$$H = \sqrt{L^2 - \left(\frac{D-d}{2}\right)^2} \tag{6}$$

同时将式(5)变成

$$J = \frac{mgDd}{16\pi^2 H}T^2 \tag{7}$$

本实验中下旋盘质量 m 由实验室给出;直径 D 和 d 可以使用游标卡尺测量;周期 T 可以使用停表测量;H 可以通过式(6)计算,其中悬线长度 L 使用钢卷尺测量。通过式(7)即可求出待测圆盘绕中心轴的转动惯量。天津地区的重力加速度 $g=9.8011\text{m/s}^2$。

将待测圆盘换成待测圆环,只要使用圆环的外径代替式(7)中的 D 即可求出待测圆环绕中心轴的转动惯量。

如果在下旋盘上任意放上一个物体,使用三线摆的方法可以测量出两者绕中心轴共同的转动惯量,由转动惯量的定义可得

$$J = J_1 + J_2$$

其中,J 为两者绕中心轴共同的转动惯量,J_1 为下旋盘绕中心轴的转动惯量,J_2 为物体绕中心轴的转动惯量。J 和 J_1 都可以通过实验得到,该物体绕中心轴的转动惯量 J_2 就可以通过下式求出来。

$$J_2 = J - J_1 \tag{8}$$

如果中心轴通过该物体的质量中心,式(8)即为该物体绕质心所在轴的转动惯量。

【实验仪器】

三线摆、停表、游标卡尺、水平仪、刚卷尺、待测圆盘、待测圆环等。

【实验步骤】

1. 实验前检查及准备

检查:实验前应仔细检查仪器是否缺少,仪器是否完好,悬线是否系好。

准备:实验前需注意各测量工具的最小刻度及估读情况,事先学习游标卡尺读数,练习停表读数,练习使用停表准确启动和停止计时,弄清楚水平仪的使用方法。

2. 调节水平

实验室中包括两种三线摆仪器,调节水平的过程有所不同。一种仪器有铅垂线,另一种没有铅垂线。有铅垂线的先调节底脚螺丝使铅锤正对下面的小圆点,以保证立柱与底座垂直,然后调节悬线长度使上下旋盘平行;没有铅垂线的先调节悬线长度使上下旋盘平行,然后调节底脚螺丝使立柱与底座垂直。调节悬线长度可以利用上旋盘处调节长度旋钮进行。

3. 测量上下旋盘直径 D 和 d

使用游标卡尺测量下旋盘直径 D,需在三个不同位置测量三次。测量直径时需要使游

标卡尺下测量爪抓住直径(应该怎样做?)。使用同样的方法测出上旋盘直径 d。

4. 测量悬线长度 L

使用钢卷尺分别测量三根悬线夹在上下旋盘之间的长度 L。由于测量中误差较大,读数时可不进行估读。

5. 测量圆盘摆动 50 个周期所用的时间 t

当下旋盘稳定后,将上旋盘轻轻转过一个小角度(千万注意转角不要超过 5°),使下旋盘能绕中心轴来回自由扭动,并且注意不能使下旋盘发生左右摆动。待下旋盘作稳定的扭摆运动后,用停表测出摆动 $N=50$ 个周期所用的时间 t,反复测量三次。

6. 记录圆盘质量 m

三线摆仪器的立柱侧面贴有标签,上面贴着圆盘质量,将其记录下来。

7. 测量圆环的转动惯量

将下旋盘的待测圆盘换成待测圆环,重复上述步骤,测出圆环的转动惯量。为了计算圆环转动惯量的理论值,还应使用游标卡尺上测量爪测出圆环的内径。

【数据处理】

实验中记录测量数据的表格如表1、表2。

表 1 圆盘转动惯量测量数据记录表

测量次数	下旋盘直径 D/mm	上旋盘直径 d/mm	摆线长度 L/mm	两盘间距 H/mm	摆动 50 个周期所用时间 t/s	圆盘质量 m/g
1						
2						
3						
平均值						

表 2 圆环转动惯量测量数据记录表

测量次数	圆环内径 D_1/mm	圆环外径 D_2/mm	环上旋盘直径 d/mm	摆线长度 L/mm	两环间距 H/mm	摆动 50 个周期所用时间 t/s	圆环质量 m/g
1							
2							
3							
平均值							

说明:(1) 表中上下旋盘间距 H 利用前面测量数据的平均值根据公式 $\overline{H}=\sqrt{\overline{L}^2-\left(\dfrac{\overline{D}-\overline{d}}{2}\right)^2}$ 计算,计算上旋盘与圆环间距 $\overline{H}$ 时 $\overline{D}$ 取圆环外径 $\overline{D}_2$。

(2) 表中圆盘(环)质量已知,贴在实验中所用的三线摆上,不需要测量。

(3) 圆盘转动惯量的理论计算公式为 $J_0=\dfrac{1}{2}mR^2=\dfrac{1}{8}m\overline{D}^2$,圆环转动惯量的理论计算

公式为 $J_0 = \frac{1}{2}m(R_1^2 + R_2^2) = \frac{1}{8}m(\overline{D}_1^2 + \overline{D}_2^2)$。

【注意事项】

1. 仪器必须调节水平,实验过程中不要破坏仪器水平。

2. 直径测量要仔细调整,不要偏大或偏小,三次测量需在三个不同位置处。

3. 悬线长度测量时需测量上下旋盘之间的悬线长度。由于误差较大,可不进行估读。

4. 下旋盘(环)转动时不要发生左右摆动,转角不能超过5°。

5. 待下旋盘(环)作稳定的扭摆运动后再测量时间;一次测量完毕并记录完数据后直接进行下一次测量,不需要重新启动下旋盘的转动;计时起点最好选在平衡位置处。

【预习思考】

1. 转动惯量的单位是什么?

2. 本实验用什么方法测量转动惯量?

3. 如果测量转动惯量的实验公式成立,转角必须满足什么条件?

4. 质量相近、直径相近的圆盘与圆环,理论上二者的转动惯量之比约为多少(圆环内外径之差比外径小很多)?本实验中选择质量相近、直径相近的圆盘和圆环进行测量是为了什么目的?

5. 调节水平时如果水平仪中气泡在左端应该调节三线摆左边还是右边的底脚螺丝?某同学将水平仪放在下旋盘上,发现水平仪气泡在正中央,他认为已经调到了水平,你认为三线摆装置水平了吗?这位同学还需要怎样调节?

6. 本实验中所用游标卡尺的最小刻度是多少?某同学使用50分度游标卡尺进行某种测量,三次的结果如下(单位:mm):90.32、90.21、90.37,你认为他的读数是否正确?

7. 本实验中所用停表的最小刻度是多少?实验中要测量50个周期所用的时间是为了什么目的?

8. 某同学测量摆动50个周期所用的时间时,周围同学测量的都是80多秒,而他测量的只有40多秒,你认为他可能哪儿出了问题?

9. 如果测量摆动50个周期所用的时间时只数了49个周期,那么实验结果将偏大还是偏小?如果数了51个周期呢?

10. 由于空气阻尼,三线摆在摆动过程中振幅会越来越小,它的周期会不会随时间而变?(参考本实验附录)

11. 在测量摆动50个周期所用的时间时要测量3次,每次测量完毕后应该怎样做才能让周期测量更准确,重新转动三线摆还是不重新转动继续计时?说说你的理由。

12. 假如本实验中 $L=500.0$ mm, $D=150.00$ mm, $d=90.00$ mm,试计算 H 比 L 小多少?假如本实验中 $L=500.0$ mm, $D=150.00$ mm, $d=145.00$ mm,试计算 H 比 L 小多少?说明为什么后一种情况时经常直接以 L 代替 H 进行计算。

13. 圆环内径和外径的测量哪个误差大?

14. 摆线长度测量、圆盘(环)直径测量和摆动周期的测量三者产生的误差哪个最大?哪个最小?为什么?

【分析讨论】

1. 分析本实验产生误差的主要原因。

2. 试从仪器水平情况、摆动中心轴与质心重合情况、各测量量的仪器精度及测量方式等方面讨论如何在操作中减小实验误差。

3. 通过本实验的结果简单讨论物体的转动惯量与质量分布的关系。

【设计实验】

利用本实验的仪器设计一个实验来测量你手边任何一个物体的转动惯量，比如文具盒（提示：利用式(8)）。

附录：转动惯量公式(5)的推导

1. 小角转动时下旋盘上升的高度远小于上下旋盘间距

如图 3，当圆盘离开平衡位置转过角度为 θ 时，圆盘由图(a)所示位置转到图(b)所示位置，圆盘上升了高度 h。

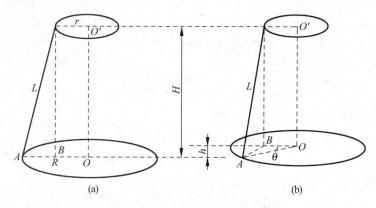

图 3　三线摆转动前后几何位置示意图

图 3(a)中由勾股定理可得

$$L^2 = H^2 + (R-r)^2 \tag{9}$$

图 3(b)中由勾股定理和余弦定理可得

$$L^2 = (H-h)^2 + R^2 + r^2 - 2Rr\cos\theta \tag{10}$$

式(9)和式(10)中 L 为摆线长度，H 为平衡时上下圆盘之间的垂直距离，r 和 R 分别为上下圆盘的半径，θ 为下圆盘转过的角度，h 为下圆盘转过 θ 角时下圆盘上升的高度。联立式(9)和式(10)，并根据二倍角公式可得

$$H - h = \sqrt{H^2 - 4Rr\sin^2\left(\frac{\theta}{2}\right)} \tag{11}$$

当 $\theta < 5°$ 时 $\sin\frac{\theta}{2} \approx \frac{\theta}{2}$，式(11)可变为

$$H - h = \sqrt{H^2 - Rr\theta^2}$$

根据泰勒展开可得

$$H - h = H\left(1 - \frac{1}{2}\frac{Rr}{H^2}\theta^2 - \frac{1}{8}\left(\frac{Rr}{H^2}\right)^2\theta^4 + \cdots\right)$$

由 $r \leqslant R < H$，可知 $\frac{Rr}{H^2} < 1$，当 $\theta < 5°$ 时可略去 2 次以上的高阶无穷小，因此可得

$$\frac{h}{H} \approx \frac{Rr}{2H^2}\theta^2$$

由于 $\frac{Rr}{H^2} < 1$,当 $\theta < 5°$ 时有

$$\frac{h}{H} < \frac{1}{2}\theta^2 < 0.0038$$

因此有

$$h \ll H$$

2. 圆盘小角转动时的平动动能远小于转动动能

以 m 表示下圆盘的质量,J 表示下圆盘对中心轴的转动惯量,v 表示下圆盘的平动速度,ω 表示下圆盘的转动角速度,则有

$$\left.\begin{aligned} \omega &= \frac{\mathrm{d}\theta}{\mathrm{d}t} \\ v &= \frac{\mathrm{d}h}{\mathrm{d}t} = R\theta\omega\left(\frac{r}{H}\right) \\ \frac{1}{2}mv^2 &= \frac{1}{2}mR^2\omega^2\theta^2\left(\frac{r}{H}\right)^2 \end{aligned}\right\} \quad (12)$$

将圆盘转动惯量 $J = \frac{1}{2}mR^2$ 代入可得

$$\frac{1}{2}J\omega^2 = \frac{1}{4}mR^2\omega^2$$

经比较可知

$$\frac{1}{2}mv^2 = \frac{1}{2}J\omega^2 \times 2\theta^2\left(\frac{r}{H}\right)^2$$

由 $\theta < 5°$ 及 $r \leqslant R < H$ 可得

$$2\theta^2\left(\frac{r}{H}\right)^2 < 2\theta^2 \ll 1$$

所以

$$\frac{1}{2}mv^2 \ll \frac{1}{2}J\omega^2 \quad (13)$$

因此圆盘平动动能 $\frac{1}{2}mv^2$ 可以忽略,只需要考虑其转动动能 $\frac{1}{2}J\omega^2$。

3. 圆盘小角转动时的平动加速度远小于重力加速度

以 M 表示三线摆悬线对中心轴的力矩,a 表示下圆盘的平动加速度,β 表示下圆盘的转动角加速度,则有

$$\left.\begin{aligned} a &= \frac{\mathrm{d}v}{\mathrm{d}t} = \frac{\mathrm{d}^2h}{\mathrm{d}t^2} \\ \beta &= \frac{\mathrm{d}\omega}{\mathrm{d}t} = \frac{\mathrm{d}^2\theta}{\mathrm{d}t^2} \end{aligned}\right\} \quad (14)$$

三线摆悬线的拉力可以分解在竖直方向上和图 3 中 AB 方向上,其中竖直方向上的分力大小为 $m(g-a)$,而 AB 方向上的分力对中心 O 的力矩即为三线摆悬线对中心轴的力矩 M。

由图 4 可知，O 到 AB 的距离为 OC，$\triangle OBC$ 与 $\triangle ABD$ 相似，因此

$$\frac{OC}{AD} = \frac{OB}{AB}$$

而 AB 方向上的分力大小为 $m(g-a)\dfrac{AB}{H}$，可知

$$M = -\frac{m(g-a)Rr}{H}\sin\theta \tag{15}$$

根据刚体定轴转动定律，并利用 $\theta < 5°$ 时 $\sin\theta \approx \theta$ 可知，$J\beta$ 的大小满足

$$J\beta = \frac{m(g-a)Rr}{H}\sin\theta < \frac{mgRr}{H}\theta \tag{16}$$

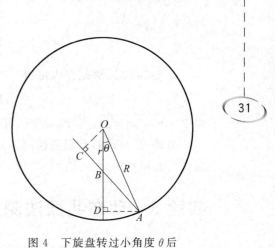

图 4 下旋盘转过小角度 θ 后几何关系示意图

对式(13)两边求导，可得

$$mva \ll J\omega\beta \tag{17}$$

将式(12)和式(16)代入式(17)，可得

$$a \ll g \tag{18}$$

4. 利用刚体的定轴转动定律推导圆盘转动惯量的表达式

将式(18)代入式(15)，可得

$$M \approx -\frac{mgRr}{H}\theta \tag{19}$$

将式(19)代入刚体定轴转动定律 $M = J\beta$，并整理可得

$$\frac{\mathrm{d}^2\theta}{\mathrm{d}t^2} + \frac{mgRr}{JH}\theta = 0 \tag{20}$$

方程(20)的解为

$$\theta = \theta_0 \cos\left(\frac{2\pi}{T}t + \varphi\right) \tag{21}$$

式中 θ_0 为摆幅，φ 为初相位，T 为周期，且有

$$T = 2\pi\sqrt{\frac{JH}{mgRr}} \tag{22}$$

整理式(22)可得

$$J = \frac{mgRr}{4\pi^2 H}T^2 \tag{23}$$

5. 利用机械能守恒来推导圆盘转动惯量的表达式

根据机械能守恒可得

$$\frac{1}{2}J\omega^2 + mgh = E_0 \tag{24}$$

式中 E_0 为定值，对式(24)两边求导可得

$$J\omega\beta + mgv = 0 \tag{25}$$

将式(12)代入式(25)并整理可得公式(20)，同样可以得到式(23)。

6. 有阻尼情况下的简谐运动

对于有阻尼的简谐运动，当运动速率不太大时其阻尼与速度成正比，其运动满足方程

$$\frac{d^2\theta}{dt^2} + 2\beta\frac{d\theta}{dt} + \omega_0^2\theta = 0 \tag{26}$$

当 $\beta < \omega_0$ 时,解此方程可得

$$\theta = \theta_0 e^{-\beta t}\cos(\omega t + \varphi) \tag{27}$$

式中,$\omega = \sqrt{\omega_0^2 - \beta^2}$,当 $\beta \ll \omega_0$ 时,可认为 $\omega = \omega_0$。

由式(27)可知,有阻尼情况下运动的振幅随时间逐渐减小,周期不变。此时不再是严格意义上的简谐运动。

实验 5　动态共振法测量金属材料杨氏模量

杨氏模量反应材料抵抗弹性形变能力的物理量,是工程物理的重要参数之一,对它的精确测量具有重要的实际意义。本实验将采用动态共振法测定杨氏模量,它能克服静态拉伸法测量杨氏模量的诸多不足:如静态拉伸法需要金属试样的形变较大;需要温度恒定;无法避免的弛豫过程带来的系统误差。此外,动态共振法还具有设备简易、精确度高以及能在很大的温度范围(180℃~3000℃)进行测量的优点,而具有更高的实用性。实验表明,它不仅适用于轴向均匀的杆状(管状)金属,也适用于各种凝聚态材料的杨氏模量测量。

【实验目的】
1. 学习用动态共振法测定金属材料的杨氏模量。
2. 学习用内插法处理实验数据。
3. 了解信号发生器和示波器的使用方法。
4. 培养学生综合使用物理实验仪器的能力。

【实验仪器】
动态杨氏模量实验仪(包括测试架、标准试样、信号发生器、数字频率计以及信号放大器)、示波器、游标卡尺、天平等。

【实验原理】
动态共振法是将试样棒(圆棒或矩形棒)用两根悬线悬挂起来(如图 1 所示),试样棒的两端是自由的,信号发生器产生的激振信号通过激振换能器后,将迫使试样棒作垂直截面的横向振动,拾振换能器把接收到的信号输送给信号放大器,最后在示波器上显示出来。如果信号源的频率恰好等于试样棒的固有频率,示波器上的波形突然变大,频率仪上所显示的就是该温度下试样棒的共振频率。而在一定条件下,试样振动的固有频率与它的杨氏模量以及质量等参数有关。如果在实验中测出试样棒在该温度下的固有频率,就可以计算出试样棒在此温度时的杨氏模量。这就是本实验的基本原理。

下面我们推导试样棒振动的固有频率与它的杨氏模量的定量关系。

根据力学分析可知,细长棒的横向振动满足的动力学方程式为

$$\frac{\partial^4 z}{\partial x^4} + \frac{\rho S}{EJ}\frac{\partial^2 z}{\partial t^2} = 0 \tag{1}$$

式中 ρ 为杆的密度,S 为杆的截面积,E 即为杨氏模量,z 为棒上截面 x 处的位移,$J = \int_S z^2 dS$ 称为惯性矩(取决于截面的形状)。

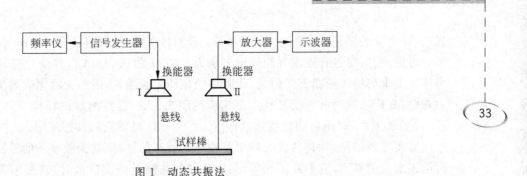

图 1 动态共振法

求解该方程,可用分离变量法,令 $z(x,t)=X(x)T(t)$,代入式(1)有

$$\frac{1}{X}\frac{d^4X}{dx^4}=-\frac{\rho S}{EJ}\frac{1}{T}\frac{d^2T}{dt^2} \tag{2}$$

考虑到等式两边是不同变量 x,t 的函数,则只有都等于同一个常数时才有可能使等式成立,设其为 K^4,于是有

$$\frac{d^4X}{dx^4}-K^4X=0, \quad \frac{d^2T}{dt^2}+\frac{K^4EJ}{\rho S}T=0 \tag{3}$$

设棒中各点均作谐振动,这两个线性常微分方程的通解为

$$\left.\begin{array}{l}X(x)=B_1\text{ch}(Kx)+B_2\text{sh}(Kx)+B_3\cos(Kx)+B_4\sin(Kx)\\ T(t)=A\cos(\omega t+\psi)\end{array}\right\} \tag{4}$$

从而该横向振动方程的通解为

$$z(x,t)=[B_1\text{ch}(Kx)+B_2\text{sh}(Kx)+B_3\cos(Kx)+B_4\sin(Kx)]\cdot A\cos(\omega t+\psi) \tag{5}$$

式中,$\omega=\left(\dfrac{K^4EJ}{\rho S}\right)^{\frac{1}{2}}$ 称为频率公式,该式对任意形状截面都成立,只不过在不同边界条件下,待定常数 A、B_1、B_2、B_3、B_4 不同而已。

如将长为 l 的棒悬挂(或支撑)在节点(即处于共振状态时棒上位移恒等于零的位置),此时,边界条件为两自由端的横向作用力及弯矩均为零,即

$$\left.\frac{d^3z}{dx^3}\right|_{x=0}=\left.\frac{d^3z}{dx^3}\right|_{x=l}=0, \quad \left.\frac{d^2z}{dx^2}\right|_{x=0}=\left.\frac{d^2z}{dx^2}\right|_{x=l}=0 \tag{6}$$

将通解代入边界条件得到:$\cos Kl\cdot\text{ch}Kl=1$,数值求解的结果为

$$K_nl=0,4.730,7.853,\cdots \quad (n=0,1,2,\cdots) \tag{7}$$

式中,$n=0$ 对应于静止状态,故一般将 $n=1$ 所对应的频率叫基频,此时棒上波形分布如图 2 所示,可见基频振动时,棒在距端面为 $0.224l$ 和 $0.776l$ 分别有两个节点。

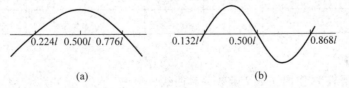

(a)   (b)

图 2 棒上的波形分布

将基频对应的方程带入频率公式,考虑到直径为 d 的圆形棒惯性矩 $J=\dfrac{\pi d^4}{64}$,解得

$$E=1.6067\frac{l^3m}{d^4}f^2 \tag{8}$$

式中,m 为棒的质量;f 为试样共振基频;E 为杨氏模量,其单位为 $N \cdot m^{-2}$。

可见,只要将悬挂点取在距端面分别为 $0.224l$ 和 $0.776l$ 时,测量对应的共振基频 f 即可原则上求解杨氏模量 E。但是,此时棒的振动无法激发,因而无法完成测量。为了解决这一难题,我们采取对称改变悬挂点至端面的距离为 x,逐点测量试样棒的共振频率 f,作出 f-x/l 函数关系,并用内插法找到悬挂点 $x=0.224l$ 时对应的共振基频。

需要注意的是,物体的固有频率是物体的固有属性,而共振频率指的是使物体发生共振时的强迫力的频率,它们并不相等,但用此种方法测量杨氏模量时,共振频率比固有频率偏低约 0.005%,因此我们可用共振频率来近似代替固有频率测量。

【实验内容及步骤】

(1) 测量试样棒的长度 l、直径 d(各测 6 次),注意在不同的部位和不同的方向多次测量直径,使用天平称量试样棒的质量 m,填入表 1。

(2) 按照图 1 连接电路,注意将音频信号的幅度调为 1V,根据室温下材料的杨氏模量数值的大致范围,由式(8)估算出共振频率 f,以便寻找共振频率。

(3) 将试样棒水平悬挂起来,使悬挂点到棒两端的距离为 $x=0.05l$ 并处于静止状态。

(4) 接通电源,调节示波器使其显示稳定的波形。

(5) 测量共振频率。调节"频率调节"的粗、细旋钮,并观察示波器,当其上的共振峰的幅度最大时对应的频率记为共振频率。一般说来,真的共振峰的频率范围很窄,稍微改变信号的频率,共振峰的幅度就会发生突变,另外,也可以将棒托起,对于干扰信号,在示波器上波的幅度不变,而真的共振信号,幅度会逐渐衰减,以此鉴别是否为真的共振峰。

(6) 改变悬挂点到棒两端的距离分别为 $x=0.10l, 0.15l, \cdots, 0.35l$,重复步骤(3)~(5),测量对应的共振频率,填入表 2。

表 1 试样棒的直径以及长度

试样棒的质量 $m=$ _____ g

次数	1	2	3	4	5	6	平均值
直径 d/mm							
长度 l/mm							

表 2 共振频率

x/l	0.05	0.10	0.15	0.20	0.25	0.30	0.35
f/Hz							

【数据处理】

1. 根据数据表 1,作出 f-x/l 函数关系曲线。

2. 应用内插法在 f-x/l 函数关系曲线上得到悬挂点 $x=0.224l$ 处对应的共振基频。

3. 利用式(8)计算杨氏模量 E。

4. 计算杨氏模量的不确定度。

【注意事项】

1. 杨氏模量随温度变化,因此,应尽可能缩短测量的时间并记录对应的温度。

2. 更换试样棒时,应先移动支架,并轻拿轻放以免把悬线弄断,实验时应避免各种扰动的影响。

3. 激振器上的正弦信号,幅度应限制在 2V 内。

4. 接线时要注意将信号发生器的"地"与示波器的"地"接在一起,即要共地。

【思考题】

1. 试样棒的固有频率和共振频率之间有何异同?
2. 导致测量结果不确定的因素有哪些? 如何减小它们的影响?
3. 在测量试样共振频率时,如何辨别真假共振信号?

实验 6 落球法测黏滞系数

液体黏度的测量在工业生产和科学研究中有着广泛的应用。例如在用管道输送液体时要根据输送液体的流量、压力差、输送距离及液体的黏度设计输送管道的口径;在医学业,测量血液及生理液黏度成为诊断学的重要手段。测量液体黏度可用毛细管法、转筒法、落球法等。其中落球法是最基本的一种,它是利用液体对固体的摩擦力来确定其黏度,适用于测量黏度较高的液体。本实验采用落球法测量不同温度下蓖麻油的黏滞系数。

【实验目的】

1. 用落球法测量不同温度下蓖麻油的黏滞系数。
2. 研究液体黏滞系数对温度的依赖关系。
3. 了解 PID 温度控制原理,掌握 PID 温控仪的使用方法。

【实验仪器】

变温黏度测量仪,ZKY-PID 温控实验仪,1mm 钢球若干,磁铁。

【实验原理】

1. 液体的黏度

当一种液体相对于其他固体、气体运动或同种液体内各部分之间有相对运动时,接触面之间存在阻碍液体相对运动的内摩擦力,这种摩擦力称为黏滞力。黏滞力的方向平行于接触面,其大小与接触面积以及接触面处的速度梯度成正比,比例系数 η 称为黏度(或黏滞系数)。一般情况下,液体的黏滞系数与液体本身性质、液体的温度及流速有关。

2. 落球法测定液体的黏度

质量为 m 的小球在静止液体中下落时受到重力 G、浮力 $F_{浮}$ 和黏滞力 F 三种力的作用,如果小球的速度 v 较小,且液体可以看成在各方向上都是无限广阔的,则从流体力学的基本方程可以导出表示黏滞阻力的斯托克斯公式:

$$F = 3\pi \eta v d \tag{1}$$

式(1)中 d 为小球直径。雷诺数 Re 可以表征液体运动状态的稳定性。设液体的密度为 ρ_0,则

$$Re = \frac{\rho_0 v d}{\eta} \tag{2}$$

奥西恩-果尔斯公式反映出了液体运动状态对斯托克斯公式的影响

$$F = 3\pi \eta v d \left(1 + \frac{3}{16}Re - \frac{19}{1080}Re^2 + \cdots\right) \tag{3}$$

式(3)中 $\frac{3Re}{16}$ 项和 $\frac{19Re^2}{1080}$ 项可以看作斯托克斯公式的第一和第二修正项。随着 Re 的增大，高次修正项的影响变大。

本实验中，小球在直径为 D 的玻璃管中下落，液体在各方向无限广阔的条件不满足，此时黏滞阻力的表达式可加修正系数 $(1+2.4d/D)$，即

$$F = 3\pi\eta v d \left(1 + 2.4\frac{d}{D}\right)\left(1 + \frac{3}{16}Re - \frac{19}{1080}Re^2 + \cdots\right) \tag{4}$$

由于黏滞阻力与小球速度 v 成正比，小球在下落很短一段距离后（参见本实验附录的推导），所受三力达到平衡，小球将以 v_0 匀速下落，此时有

$$\frac{1}{6}\pi d^3(\rho - \rho_0)g = 3\pi\eta v_0 d\left(1 + 2.4\frac{d}{D}\right)\left(1 + \frac{3}{16}Re - \frac{19}{1080}Re^2 + \cdots\right) \tag{5}$$

可得

$$\eta = \frac{(\rho - \rho_0)g d^2}{18 v_0 \left(1 + 2.4\frac{d}{D}\right)\left(1 + \frac{3}{16}Re - \frac{19}{1080}Re^2 + \cdots\right)} \tag{6}$$

当 $Re<0.1$ 时，可以取零级解，则式(6)就成为

$$\eta_0 = \frac{(\rho - \rho_0)g d^2}{18 v_0 \left(1 + 2.4\frac{d}{D}\right)} \tag{7}$$

当 $0.1<Re<1$ 时，可以取一级近似解，式(6)就成为

$$\eta_1 = \frac{(\rho - \rho_0)g d^2}{18 v_0 \left(1 + \frac{2.4d}{D}\right)\left(1 + \frac{3Re}{16}\right)} = \eta_0 \frac{1}{1 + \frac{3Re}{16}} \tag{8}$$

由于 $3Re/16$ 是远小于 1 的数，将 $1/(1+3Re/16)$ 按幂级数展开后近似为 $1-3Re/16$，式(8)又可表示为

$$\eta_1 = \eta_0 - \frac{3}{16}v_0 d \rho_0 \tag{9}$$

在实验完成后，做数据处理时，必须对 Re 进行验算，确定它的范围并进行修正，得到符合实验要求的黏度值。

3. PID 调节原理

PID 调节是自动控制系统中应用最为广泛的一种调节规律，自动控制系统的原理可用图 1 说明。

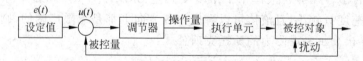

图 1 自动控制系统原理图

假如被控量与设定值之间有偏差 $e(t)=$ 设定值—被控量，调节器依据 $e(t)$ 及一定的调节规律输出调节信号 $u(t)$，执行单元按 $u(t)$ 输出操作量至被控对象，使被控量逼近直至最后等于设定值。调节器是自动控制系统的指挥机构。

在我们的温控系统中，调节器采用 PID 调节，执行单元是由可控硅控制加热电流的加

热器，操作量是加热功率，被控对象是水箱中的水，被控量是水的温度。

PID 调节器的调节规律可表示为

$$u(t) = K_P\left[e(t) + \frac{1}{T_I}\int_0^t e(t)\mathrm{d}t + T_D\frac{\mathrm{d}e(t)}{\mathrm{d}t}\right] \tag{10}$$

式中第一项为比例调节，K_P 为比例系数。第二项为积分调节，T_I 为积分时间常数。第三项为微分调节，T_D 为微分时间常数。

PID 温度控制系统在调节过程中温度随时间的一般变化关系可用图 2 表示，控制效果可用稳定性、准确性和快速性评价。

系统重新设定（或受到扰动）后经过一定的过渡过程能够达到新的平衡状态，则为稳定的调节过程；若被控量反复振荡，甚至振幅越来越大，则为不稳定调节过程，不稳定调节过程是有害而不能采用的。准确性可用被调量的动态偏差和静态偏差来衡量，二者越小，准确性越高。快速性可用过渡时间表示，过渡时间越短越好。实际控制系统中，上述三方面指标常常是互相制约，互相矛盾的，应结合具体要求综合考虑。

由图 2 可见，系统在达到设定值后一般并不能立即稳定在设定值，而是超过设定值后经一定的过渡过程才重新稳定，产生超调的原因可从系统惯性、传感器滞后和调节器特性等方面予以说明。系统在升温过程中，加热器温度总是高于被控对象温度，在达到设定值后，即使减小或切断加热功率，加热器存储的热量在一定时间内仍然会使系统升温，降温有类似的反向过程，这称为系统的热惯性。传感器滞后是指由于传感器本身热传导特性或是由于传感器安装位置的原因，使传感器测量到的温度比系统实际的温度在时间上滞后，系统达到设定值后调节器无法立即作出反应，产生超调。对于实际的控制系统，必须依据系统特性合理整定 PID 参数，才能取得好的控制效果。

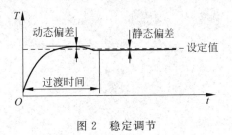

图 2　稳定调节

由式(10)可见，比例调节项输出与偏差成正比，它能迅速对偏差作出反应，并减小偏差，但它不能消除静态偏差。这是因为任何高于室温的稳态都需要一定的输入功率维持，而比例调节项只有偏差存在时才输出调节量。增加比例调节系数 K_P 可减小静态偏差，但在系统有热惯性和传感器滞后时，会使超调加大。

积分调节项输出与偏差对时间的积分成正比，只要系统存在偏差，积分调节作用就不断积累，输出调节量以消除偏差。积分调节作用缓慢，在时间上总是滞后于偏差信号的变化。增加积分作用（减小 T_I）可加快消除静态偏差，但会使系统超调加大，增加动态偏差，积分作用太强甚至会使系统出现不稳定状态。

微分调节项输出与偏差对时间的变化率成正比，它阻碍温度的变化，能减小超调量，克服振荡。在系统受到扰动时，它能迅速作出反应，减小调整时间，提高系统的稳定性。

【仪器介绍】

1. 落球法变温黏度测量仪

变温黏度仪如图 3 所示。待测液体装在样品管中，能使液体温度较快地与加热水温达到平衡，样品管壁上有刻度线，便于测量小球下落距离。样品管外的加热水管连接到温控仪，通过热循环水加热样品。底座下有调节螺钉，用于调节样品管的铅直。

2. 开放式 PID 温控实验仪

温控实验仪包括水箱、水泵、加热器、控制及显示电路部分。通过适当选择 PID 参数能显示温控过程中的温度变化曲线和功率的实时值，存储温度及功率变化曲线等。控制面板如图 4 所示。

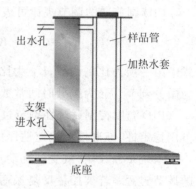

图 3　变温黏度仪

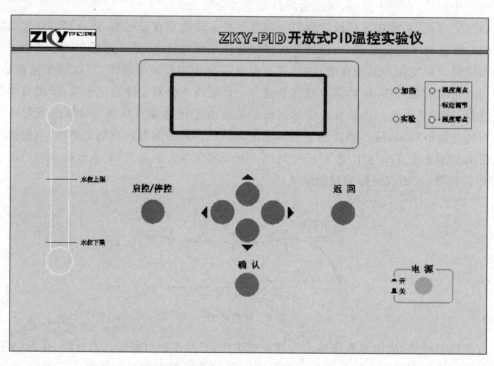

图 4　开放式 PID 温控实验仪控制面板

开机后水泵开始运转，显示屏显示操作菜单，可选择工作方式，输入序号及室温，设定温度及 PID 参数。使用左右键选择项目，使用上下键设置参数，按确认键进入下一屏，按返回键返回上一屏。

进入测量界面后，屏幕上方的数据栏从左至右依次显示序号、设定温度、初始温度、当前温度、当前功率、调节时间等参数。图形区横坐标表示时间，纵坐标表示温度（功率），并可用上下键改变温度坐标值。仪器每隔 15s 采集 1 次温度及加热功率值，并将采集的数据显示在图上。温度达到设定值并保持 2min 温度波动小于 0.1℃，仪器自动判定达到平衡，并在图形区右边显示过渡时间 t，动态偏差 σ，静态偏差 e。

【实验步骤】
1. 检查仪器的水位管，使水位处于适当位置。
2. 调节变温黏度测量仪底盘旋钮，使底盘基本水平。
3. 设定 PID 参数。
4. 温控仪温度达到设定值后再等约 10min，使样品管中的待测液体温度与加热水温完全一致，才能测液体黏度。用磁铁吸引小铁球至量筒液面中心处，移开磁铁使小球垂直下落，待小球匀速后开始计时，测出小球经过一段距离所用时间 t，重复 5 次，分别计算出小球的速度。
5. 用式(7)或式(9)计算黏度 η，记入表 1 中。表 1 列出了部分温度下黏度的标准值，可将这些温度下黏度的测量值与标准值比较，并计算相对误差。

表 1 黏度的测定

$\rho = 7.8 \times 10^3 \, \text{kg/m}^3, \rho_0 = 0.95 \times 10^3 \, \text{kg/m}^3, D = 2.0 \times 10^{-2} \, \text{m}$

温度/℃	时间/s						速度/(m/s)	$\eta/(\text{Pa} \cdot \text{s})$ 测量值	$*\eta/(\text{Pa} \cdot \text{s})$ 标准值	相对误差
	1	2	3	4	5	平均				
室温										
30									0.451	
35									0.31	
40									0.231	

【预习思考题】
1. 如何判断小球进入匀速直线运动状态？
2. 落球法测液体的黏滞系数能否应用于低黏度的液体？为什么？
3. 设容器内 N_1 和 N_2 之间为匀速下降区，那么对于同样材质但直径较大的球，该区间也是匀速下降区吗？反过来呢？
4、试验一下，使小球偏离量筒中轴线而贴近筒壁下落，下落速度如何发生变化？为什么有这样的变化？

【注意事项】
1. 不要将磁铁吸在 PID 温控实验仪上，防止影响仪器正常工作。
2. 实验中注意不要乱动黏度测量仪上的量筒，防止油洒出。

附录：小球在达到平衡速度之前所经路程 L 的推导

由牛顿第二定律可以列出小球达到平衡速度之前的运动方程：

$$F = ma = m\frac{dv}{dt} = \frac{1}{6}\rho\pi d^3 \frac{dv}{dt} = \frac{1}{6}\pi d^3(\rho - \rho_0)g - 3\pi\eta dv \tag{11}$$

经整理后得

$$\frac{dv}{dt} + \frac{18\eta}{d^2\rho}v = \left(1 - \frac{\rho_0}{\rho}\right)g \tag{12}$$

此方程的通解为

$$v = \left(1 - \frac{\rho_0}{\rho}\right)g \cdot \frac{d^2\rho}{18\eta} + Ce^{-\frac{18\eta}{d^2\rho}t} \tag{13}$$

设小球以零初速放入液体中,代入初始条件$(t=0, v=0)$,定出常数 C 并整理后得

$$v = \frac{d^2 g}{18\eta}(\rho - \rho_0) \cdot \left(1 - e^{-\frac{18\eta}{d^2\rho}t}\right) \quad (14)$$

随着时间增大,式(14)中的负指数项迅速趋近于0,由此得平衡速度:

$$v_0 = \frac{d^2 g}{18\eta}(\rho - \rho_0) \quad (15)$$

设从速度为 0 到速度达到平衡速度的 99.9% 这段时间为平衡时间 t_0,即令

$$e^{-\frac{18\eta}{d^2\rho}t_0} = 0.001 \quad (16)$$

由式(16)可计算平衡时间。

若钢球直径为 10^{-3} m,代入钢球的密度 ρ,蓖麻油的密度 ρ_0 及 40℃时蓖麻油的黏度 $\eta = 0.231$ Pa·s,可得此时的平衡速度约为 $v_0 = 0.016$ m/s,平衡时间约为 $t_0 = 0.013$ s。

平衡距离 L 小于平衡速度与平衡时间的乘积,在我们的实验条件下,小于 1mm,基本可认为小球进入液体后就达到了平衡速度。

实验 7 惠斯通电桥测电阻

电桥常用于电阻、电容和电感的测量,电桥测量是一种常用而重要的测量方法。与伏安法测电阻相比,电桥法测电阻可以避免电表内阻带来的影响。电桥法测电阻是采用标准电阻和被测电阻相比较的方法得出被测电阻的阻值,因为标准电阻可以做得很精准,所以用电桥测量电阻可以达到很高的精度。本实验采用的电桥测量方法是惠斯通(Wheastone)于1943年提出的,所以实验电路被称为惠斯通电桥,也被称为单臂电桥。电桥由于测量对象的不同,结构也有所不同,但基本原理大致相同,掌握惠斯通电桥的工作原理对分析和使用其他类型的电桥也可以起到触类旁通的作用。惠斯通电桥通常用来测量 $10 \sim 10^8 \Omega$ 范围内的中值电阻,对于几欧姆左右的低值电阻常用双臂电桥来测量。电桥可以分为直流电桥和交流电桥两大类。

【实验目的】

1. 掌握用惠斯通电桥测电阻的原理;
2. 学会用自搭电桥和箱式电桥测未知电阻的方法;
3. 理解电桥的灵敏度的概念并了解电桥的灵敏度受哪些因素影响。

【实验原理】

1. 惠斯通原理

惠斯通电桥的原理如图1所示。图中 R_1、R_2、R 和 R_x 分别处于 ad、cd、bc 和 ab 四条支路中,这四条支路被称为电桥的四条桥臂,R_1、R_2 和 R 是阻值已知的标准电阻,R_x 是阻值未知的被测电阻。在对角位置上的 a 和 c 两点之间接上电源 E、限流电阻 R_E 和开关 K_1,在对角位置上的 b 和 d 之间接有检流计 G、开关 K_2 和限流电阻 R_G。检流计所在的支路连通了 abc 和 adc 两条支路上的 b 点和 d 点,起到了桥梁的作用,这样的电路也就被称为电桥电路。借助

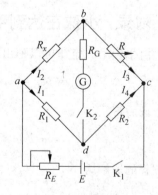

图 1 惠斯通电桥电路原理图

检流计支路可以比较电路中的 b 点和 d 点的电势:闭合开关 K_1 和开关 K_2,若检流计示数为零,则表明 b 点和 d 点的电势相同,此时称电桥处于平衡状态;若检流计示数不为零,表明 b 点和 d 点的电势不同,此时称电桥处于非平衡状态。本实验中调节电阻箱电阻 R 使检流计中电流为零,使电桥达到平衡。当电桥处于平衡状态时,检流计所在支路没有电流流过,流过 R_1 和 R_2 的电流相同,即 $I_1=I_4$,流过 R_x 和 R 的电流相同,即 $I_2=I_3$,由电路串并联结构及分压关系,此时应有

$$I_1 R_1 = I_2 R_x \tag{1}$$

$$I_1 R_2 = I_2 R \tag{2}$$

两式相除可得

$$R_x = \frac{R_1}{R_2} R \tag{3}$$

R_1、R_2 和 R 已知,由式(3)就可求出未知电阻 R_x 的阻值。通常把 R_1、R_2 所在的支路称为比例臂,称 R_1/R_2 的比值为放大倍率,把 R 所在的支路称为比较臂。

伏安法测电阻时电表由于都有一定阻值的内阻,都有电流流过,因此不能同时准确测得流过电阻的电流和电阻两端的电压,使测量结果受到电表内阻的影响,出现误差,而电桥平衡时流过检流计的电流为零,通过把 R_x 和精准的标准电阻相比较由式(3)得到未知电阻 R_x 的阻值,因此这种利用电桥测量电阻的方法,避免了利用伏安法测电阻时测量结果受测量电表内阻影响的问题。测量过程相当于把 R_x 与精准的标准电阻相比较,因而测量的准确度较高。但电桥法测电阻也会有一定的误差,电桥法测电阻的误差既与 R_1、R_2、R 本身的误差有关,也与检流计的灵敏度有关。此外,连接各元件时的接触电阻也会给测量结果带来一定的误差。

2. 交换法减小电桥的测量的不确定度

采用自搭电桥的方法测量电阻对理解电桥的工作原理是非常有帮助的,利用自搭电桥可以根据需要改变各元器件的参数,同时还可用交换法测量来减小实验误差,下面就介绍一下交换法。

由式(3)及误差传递公式可知相应的测量相对不确定度为

$$E_r = \frac{\Delta R_x}{R_x} = \sqrt{\left(\frac{\Delta R_1}{R_1}\right)^2 + \left(\frac{\Delta R_2}{R_2}\right)^2 + \left(\frac{\Delta R}{R}\right)^2} \tag{4}$$

可见,此时的测量不确定度来自 R_1、R_2、R,受这三个电阻影响,并且不会相互抵消。可以采用交换法以去除 R_1、R_2 电阻对测量结果的影响。交换法就是将 R_x 与 R 交换一下位置,这称为换臂,如图 2 所示,换臂后再调节标准电阻箱阻值,若电阻箱阻值调至 R' 时电桥达到平衡,则又有

$$R_x = \frac{R_2}{R_1} R' \tag{5}$$

将式(3)和式(5)相乘得

$$R_x = \sqrt{RR'} \tag{6}$$

式(6)表明,测量结果 R_x 与 R_1、R_2 无关,仅取决于 R、R'。实验中如果让 R_1 和 R_2 两电阻阻值接近相等,则有换臂前和换

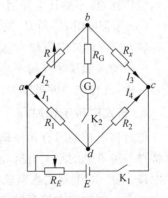

图 2 换臂后电桥电路原理图

臂后电桥平衡时电阻箱的阻值 R 和 R' 的接近相等,此时由式(6)和误差传递公式有相对不确定度:

$$E_r = \frac{\Delta R_x}{R_x} = \sqrt{\left(\frac{1}{2}\frac{\Delta R}{R}\right)^2 + \left(\frac{1}{2}\frac{\Delta R'}{R'}\right)^2} \approx \frac{\sqrt{2}}{2}\frac{\Delta R}{R} \approx \frac{\sqrt{2}}{2}\frac{\Delta R'}{R'} \tag{7}$$

这样就避免了由 R_1、R_2 引入的误差,而只需考虑由 $R(R')$ 的误差所带来的影响。

3. 电桥灵敏度

在电桥平衡时,若待测电阻 R_x 有增量为 ΔR_x 时,由于待测电阻的阻值的变化,电桥会失去平衡而有电流 I_G 流过检流计,若电流 I_G 过小,检流计将无法显示出观察者可见的指针偏转示数,此时观察者会仍然认为电桥处于平衡状态,也就是说由于电桥不够敏感,当被测电阻的阻值介于 $R_x \sim R_x + \Delta R_x$ 之间时,在电桥测量电阻实验中是无法准确地给出待测电阻的阻值是 $R_x \sim R_x + \Delta R_x$ 之间的哪一个值的,这就是由于电桥的灵敏度不够带来的测量误差。

通常用电桥的相对灵敏度 S 来表示电桥的灵敏程度,其定义为

$$S = \frac{\Delta d}{\Delta R_x / R_x} \tag{8}$$

式中,Δd 是当待测电阻阻值在 R_x 的基础上有 ΔR_x 的改变量时而引起的检流计指针的偏转格数,S 反映了电桥对电阻相对变化量的分辨能力。实验中可根据式(8)测出所用电桥的灵敏度。

由电桥电路的对称性,若比较臂电阻 R 有增量 ΔR 时,由于比较臂电阻的阻值的变化,电桥也会失去平衡有电流 I_G 流过检流计,实际测量电桥的灵敏度时,为了方便也采用如下的灵敏度定义公式

$$S = \frac{\Delta d}{\Delta R / R} \tag{9}$$

式中,Δd 是当待测电阻阻值在 R 的基础上有 ΔR 的改变量时而引起的检流计指针的偏转格数,式(9)对灵敏度 S 的定义同样反映了电桥对电阻相对变化量的分辨能力。

由实验和理论分析可知,电桥的灵敏度与以下因素有关:

(1) 电桥的相对灵敏度与电桥中检流计的电流灵敏度成正比。

(2) 电桥的相对灵敏度与电桥所用电源的输出电压成正比,输出电压越高灵敏度也越高。但应注意,不要让电路因电压过高出现电流过大的情况,以防损坏电路。

(3) 限流电阻 R_E 和 R_G 越大,电桥灵敏度越低;限流电阻 R_E 和 R_G 越小,电桥灵敏度越高。

(4) 检流计的内阻越大,电桥灵敏度越低,反之则越高。

电桥的灵敏度越高越不容易调平衡,电桥的灵敏度越低引入测量误差就越大,实验中应综合考虑,选择适当的灵敏度。

4. 箱式电桥工作原理

把自搭电桥的所有元件都集成到在一个箱子里就成了箱式电桥,QJ-23 型箱式惠斯通电桥是一种常见的箱式电桥,此处以 QJ-23 型箱式惠斯通电桥来介绍箱式惠斯通电桥的工作原理。QJ-23 型箱式惠斯通电桥的电路原理如图 3 所示,其中 a 点可以随着金属杆上下移动而和不同的放大倍率触点接触,a 点和 b 点之间的电阻对应 R_1,点 a 点和 d 点之间的电阻对应 R_2,由 R_1 和 R_2 作为比例臂,R 作为比较臂。R_1 和 R_2 的比值为 C,C 被称为放大倍

率,电桥达到平衡时被测电阻的阻值为

$$R_x = \frac{R_2}{R_1}R = CR \tag{10}$$

改变图3中a点的接触位置可以改变比例臂R_2/R_1的比值,即调节放大倍率。例如,当a点和10^{-1}放大倍率位置接触时,有

$$\frac{R_2}{R_1} = \frac{81.009+8.902+0.999}{409.09\times2+81.009+8.902+0.999} = 0.1$$

这表明比例臂的放大率为10^{-1}。

由图3可知,放大倍率可以取为七挡:$10^{-3},10^{-2},10^{-1},10^0,10^1,10^2,10^3$。$R$为比较臂电阻,由四个十进位的电阻盘组成,$R$值最大可以调节至9999Ω,QJ-23型箱式惠斯通电桥测量的中值电阻阻值范围大致为$10\sim9.999\times10^6$Ω。

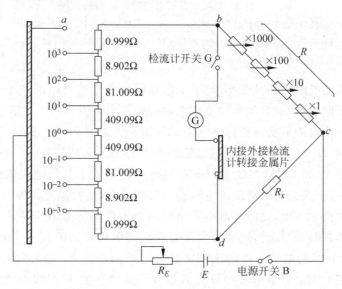

图3 箱式惠斯通电桥电路原理图

【实验仪器】

稳压电源、滑线变阻器、标准电阻R_1和R_2、标准电阻箱R、检流计、QJ-23型箱式惠斯通电桥、待测电阻R_{x1}、R_{x2}、导线若干。

【实验步骤】

1. 用自搭建电桥测量电阻R_{x1}、R_{x2}及二电阻的串联电阻R_c

(1) 搭建电桥。按图1所示连接电路,其中$R_1\approx R_2$,$E=5$V。在接通电源之前将限流电阻R_E和R_G的电阻调节至最大阻值以保护检流计。

(2) 采用交换法测量电阻R_{x1}的阻值。先接通开关K_1和K_2,再接通检流计(由于刚开始时电桥可能远离平衡状态,此时接通检流计会有大电流流过检流计,为避免大电流长时间流过检流计造成仪器损坏,检流计接通时间应很短,这可通过点按检流计接通按键后快速放开按键实现),若因限流电阻过大使检流计示数过小,可适当减小限流电阻。观察电桥是否平衡,若不平衡可采用二分法调节标准电阻箱的阻值使电桥达到初步平衡。

所谓的二分法操作,是指比较臂将标准电阻箱的阻值调至较大和较小,出现标准电阻箱

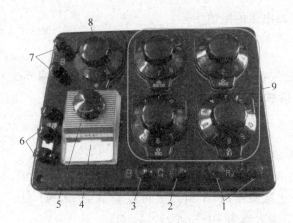

图 4　QJ-23 型箱式惠斯通电桥的面板结构图

1—待测电阻 R_x 接线柱；2—检流计按钮开关 G；3—电源按钮开关 B；4—检流计；5—检流计调零旋钮；6—外接检流计接线柱；7—外接电源接线柱；8—比率臂调节旋钮（调节 R_1/R_2 的比值）；9—标准电阻箱 R

阻值大于和小于待测电阻的两种情况，记下电阻箱阻值大于待测电阻和小于待测电阻时检流计指针的偏转方向，将标准电阻箱调至较大阻值和较小阻值和的 1/2 阻值，看检流计指针偏转方向判断出为使电桥平衡该把标准电阻箱阻值调大还是调小。例如，若待测电阻的阻值为 8000.0Ω，且假设式(3)中 R_1/R_2 的比值约为 1，即放大倍率约为 1。先将比较臂标准电阻箱的阻值调至较大，如 20000.0Ω，此时标准电阻箱阻值大于待测电阻阻值并且观察到检流计指针向左偏转，表明当比较臂标准电阻箱的阻值较大时，检流计指针向左偏转；再将标准电阻箱的阻值调至 50.0Ω，此时标准电阻箱阻值小于待测电阻阻值并可观察到检流计指针向相反方向偏转，即向右偏转，这表明当比较臂标准电阻箱的阻值较小时，检流计指针向左偏转；于是就知道了使电桥平衡的比较臂标准电阻箱阻值为 50.0～20000.0Ω。然后将比较臂标准电阻箱的阻值调至刚才的较大值与较小值之和的 1/2，即 10025.0Ω，连通检流计将发现检流计指针向左偏转，由此可判断待测电阻阻值为 50.0～10025.0Ω。再将比较臂标准电阻箱阻值调为 50.0 与 10025.0 之和的 1/2，即 50.0 与 10025.0 的中值 5037.5Ω，此时连通检流计会发现检流计指针向右偏转，可判断出使电桥平衡的标准电阻箱阻值为 5037.5～10025Ω，重复上述的取中值过程可以很快找到使电桥平衡的标准电阻箱阻值。

在初步将电桥调至大体平衡后，减小限流电阻 R_E 和 R_G 至最小，以提高电桥灵敏度，再用二分法细调标准电阻箱的阻值使电桥在高灵敏度的情况下达到平衡状态，记下此时比较臂标准电阻箱的示值 R。如图 2 所示交换标准电阻箱和待测电阻 R_{x1} 的位置，调节标准电阻箱的阻值使电桥重新达到平衡，记下此时标准电阻箱的示值 R'。将测量数据填入数据表 1。

由 $R_x = \sqrt{RR'}$ 即可算出待测电阻阻值 R_{x1}。

（3）用交换法测量电阻 R_{x2} 和 R_{x1} 与 R_{x2} 串联电阻 R_c 的阻值，操作与步骤(2)类似。

2. 用箱式电桥测量电阻 R_{x1}、R_{x2} 和 R_{x1} 与 R_{x2} 串联电阻 R_c

（1）实验时选用箱式电桥自带的检流计（将短路金属片接到"外接"上即可），接好电源和待测电阻。若检流计指针不指零，对检流计进行指零调整。

（2）先用万用表测量未知电阻的粗测值或采用二分法确定待测电阻的阻值大致范围，

以便选择合适的放大倍率,调节比率臂旋钮至合适的放大倍率。

放大倍率的选择应使测量值有最多的有效数字,即四位有效数字。例如:QJ-23型箱式惠斯通电桥测量的中值电阻阻值范围大致为 $10 \sim 9.999 \times 10^6 \Omega$,若待测电阻为 500.0Ω,如果将比率臂的倍率选为×100,则标准电阻箱标度盘示数为5时,电桥就达到了平衡,此时由公式得待测电阻的阻值为 $R_x = CR = 5 \times 10^2 \Omega$,结果为一位有效数字,如果将比率臂的倍率选为×0.1,则标准电阻箱标度盘示数为5000时,电桥达到平衡,此时由公式(9)得待测电阻的阻值为 $R_x = CR = 5000 \times 10^{-1} \Omega$,结果为四位有效数字,有效数字越多,相应的结果越准确。

(3)选定适当的放大倍率 C 后,先后按下电源按钮开关B,再点触检流计按钮开关G,观察电桥是否平衡,如不平衡,仔细调节标准电阻箱的标度盘,使电桥达到平衡,记下此时标度盘的示值 R,将测量数据填入数据表2。由公式 $R_x = CR$ 可算出未知电阻 R_x 的阻值。

表 1 自搭电桥测电阻数据表格   单位:Ω

R_x	R_{x1}	R_{x2}	R_c
R			
R'			

表 2 箱式电桥测电阻数据表格   单位:Ω

R_x	R_{x1}	R_{x2}	R_c
C			
R			

【数据处理】

1. 根据自搭电桥测得的数据,按公式 $R_x = \sqrt{RR'}$ 求得待测电阻阻值 R_x,在不计电桥灵敏度影响的情况下,由公式 $E_r = \frac{\Delta R_x}{R_x} = \sqrt{\left(\frac{1}{2}\frac{\Delta R}{R}\right)^2 + \left(\frac{1}{2}\frac{\Delta R'}{R'}\right)^2} \approx \frac{\sqrt{2}}{2}\frac{\Delta R}{R}$ 和 $\Delta R_x = R_x \cdot E_r$ 计算出不确定度 ΔR_x,写出测量结果表达式,ΔR 的值可由电阻箱使用说明书给出。

2. 根据箱式电桥测量数据,按公式 $R_x = CR$ 和 $\Delta R_x = |E_{\lim}(极限误差)|$ 计算 R_x 和 ΔR_x,写出测量结果表达式,$E_{\lim}$ 由电桥使用说明书给出。

【注意事项】

1. 利用电桥测量电阻时,开始时电桥可能远离平衡状态,此时如接通检流计,可能有较大电流流过检流计,为避免大电流长时间通过检流计造成损坏,接通检流计时注意观察检流计指针偏转情况,发现检流计指针超过量程时迅速断开检流计,通过调节比较臂标准电阻箱阻值让检流计指针趋向于零,使电桥达到平衡。

2. 在采用箱式惠斯通电桥测电阻时,最好先以万用表粗略测一下待测电阻阻值,以利于选取比例臂的比率及估计用后比较臂的阻值。

3. 估算电路连通时各支路元件的功率,避免元件出现过载。

【预习思考题】

1. 采用电桥法测电阻相对于伏安法测电阻有何优点?

2. 什么是电桥平衡？此时电路中各桥臂上的电阻阻值满足什么关系？
3. 电桥接通电源后或接通检流计后总是偏向一边或总不偏转，试分析两种情况出现的原因。
4. 电桥的灵敏度和哪些因素有关？
5. 用箱式惠斯通电桥测电阻时，如何选择比率臂的比率？

【分析讨论题】
1. 电桥的灵敏度是否越高越好？
2. 为什么自搭电桥测电阻时可以用交换法减少测量不确定度？
3. 用惠斯通电桥测电阻时产生误差的原因有哪些？

附录：箱式电桥倍率与不确定度的计算

倍率	$\Delta R_x/\Omega$
0.01	$0.2\% \times R_x + 0.002$
0.1	$0.2\% \times R_x + 0.02$
1	$0.2\% \times R_x + 0.2$

实验8 用稳恒电流场模拟静电场

【实验目的】
1. 学会用模拟法测绘静电场。
2. 加深对电场强度和电势概念的理解。
3. 描绘同轴电缆的电场分布。

【实验仪器】
EP-3003L-3 稳压电源；导电玻璃静电场描绘仪；电阻分压板；AC/5 检流计。

【实验原理】
静电现象在日常生活中广泛存在，静电防护等静电应用的研究日益深入，常常需要确定带电体周围的电场分布情况。场的分布是由电荷的分布、带电体的几何形状及周围介质所决定的。由于带电体的形状复杂，大多数情况求不出电场分布的解析解，因此只能靠数值解法求出或用实验方法测出电场分布。直接用电压表法去测量静电场的电势分布往往是困难的，因为静电场中没有电流，磁电式电表不会偏转；另外由于与仪器相接的探测头本身总是导体或电介质，若将其放入静电场中，探测头上会产生感应电荷或束缚电荷。由于这些电荷又产生电场，与被测静电场迭加起来，使被测电场产生显著的畸变。因此，实验时一般采用间接的测量方法（即模拟法）来解决。

1. 用稳恒电流场模拟静电场

模拟法本质上是用一种易于实现、便于测量的物理状态或过程模拟不易实现、不便测量的物理状态或过程，它要求这两种状态或过程有一一对应的两组物理量，而且这些物理量在两种状态或过程中满足数学形式基本相同的方程及边界条件。

本实验是用便于测量的稳恒电流场来模拟不便测量的静电场,这是因为这两种场可以用两组对应的物理量来描述,并且这两组物理量在一定条件下遵循着数学形式相同的物理规律。例如对于静电场,电场强度 E 在无源区域内满足以下积分关系:

$$\oint_S E \cdot dS = 0 \tag{1}$$

$$\oint_l E \cdot dl = 0 \tag{2}$$

对于稳恒电流场,电流密度矢量 j 在无源区域中也满足类似的积分关系:

$$\oint_S j \cdot dS = 0 \tag{3}$$

$$\oint_l j \cdot dl = 0 \tag{4}$$

在边界条件相同时,二者的解是相同的。

当采用稳恒电流场来模拟研究静电场时,还必须注意以下使用条件。

(1) 稳恒电流场中的导电质分布必须相应于静电场中的介质分布。具体地说,如果被模拟的是真空或空气中的静电场,则要求电流场中的导电质应是均匀分布的,即导电质中各处的电阻率 ρ 必须相等;如果被模拟的静电场中的介质不是均匀分布的,则电流场中的导电质应有相应的电阻分布。

(2) 如果产生静电场的带电体表面是等势面,则产生电流场的电极表面也应是等势面。因此,可采用良导体做成电流场的电极,而用电阻率远大于电极电阻率的不良导体(如石墨粉、自来水或稀硫酸铜溶液等)充当导电质。

(3) 电流场中的电极形状及分布,要与静电场中的带电导体形状及分布相似。

2. 电场线的测绘方法

电场强度在数值上等于电势梯度,方向指向电势降落的方向,考虑到电场强度是矢量,而电势是标量,测定电势比测定电场强度容易实现,所以可先测绘等势线,再根据电场线与等势线正交的原理画出电场线,这样就可以由等势线的间距确定电场线的疏密和指向,将抽象的电场反映出来。

3. 模拟长直同轴圆柱面电极间的电场分布

图1是长直同轴圆柱形电极的横截面图。设内圆柱的半径为 a,电势为 V_a,内圆环的内半径为 b,电势为 V_b,则两极间电场中距离轴心为 r 处的电势 V_r 可表示为

$$V_r = V_a - \int_a^r E \, dr \tag{5}$$

根据高斯定理,则圆柱内 r 点的场强为

$$E = \frac{\lambda}{2\pi\varepsilon_0 r} \quad (当 a < r < b 时) \tag{6}$$

式中,λ 为电荷密度;ε_0 为真空中的介电常数。将式(6)代入式(5)积分后得

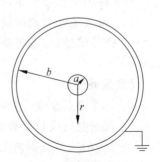

图1 长直同轴圆柱形电板的横截面

$$V_r = V_a - \int_a^r \frac{\lambda}{2\pi\varepsilon_0 r} dr = V_a - \frac{\lambda}{2\pi\varepsilon_0} \ln\frac{r}{a} \tag{7}$$

在 $r=b$ 处，令 $V_b=0$，用式(7)解出

$$\frac{\lambda}{2\pi\varepsilon_0} = \frac{V_a}{\ln(b/a)} \tag{8}$$

如果取 $V_a=V_0$，$V_b=0$，将式(8)代入式(7)，可得到

$$V_r = V_0 \frac{\ln(b/r)}{\ln(b/a)} \tag{9}$$

式(9)表明，两圆柱面间的等势面是同轴的圆柱面。同理，证明稳恒电流场可得到同样结果。

将式(9)变换为

$$\ln r = \ln b - \frac{V_r}{V_0} \ln\frac{b}{a} \tag{10}$$

从式(10)可以看出，$\ln r$ 与 V_r/V_0 呈线性关系，通过实验测出等位面的 r，用作图法可对其线性关系进行验证。

【实验内容】

用稳恒电流场描绘长直同轴圆柱面电极间的电场分布，其电路图如图2所示。

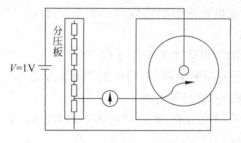

图2　电路图

【实验步骤】

(1) 将记录纸放置在静电场测绘仪上板面处，用夹子固定好之后，用双层探针打出下层电流板电极中心所对的位置，即同轴圆柱面的圆心处 O（思考一下，用什么办法找到电流板电极圆心）。

(2) 按图2连接电路，将电源打开，调节电压调节旋钮至所需的工作电压1V。

(3) 将检流计分别接到分压板的各输出端，在白纸上描出 0.2V、0.3V、0.4V、0.5V 和 0.6V 5条等势线，每条等势线打点间隔不得超出 10mm（同一等势线上间隔两点不得超出 10mm）。

【数据处理】

1. 将等势点连成等势线。

2. 根据电场线与等势线正交的特点，画出被模拟空间的电场线（即经圆点 O 处绘出"米"字形辐射线并分别画上箭头。电场线垂直等势线，方向由高电势指向低电势）。

3. 分别测量出电场分布图中每条等势线的半径（即用直尺分别测出圆心到"米"字形辐射线与等势线相交点的距离 r，并算出 $\bar{r}$）。

4. 按式(10)用坐标纸画出实验曲线，再通过式(9)绘出理论曲线，然后与实验曲线进行比较，从中得出必要的结论，分析误差原因。

【注意事项】
1. 移动探针时应轻拿轻放，防止损坏导电玻璃；
2. 电极、探针与导线保持良好的接触；
3. 使用检流计时，不应长时间通电。

【讨论思考题】
1. 为什么能用稳恒电流场模拟静电场？模拟条件是什么？
2. 如果实验时电源的输出电压不够稳定，那么是否会改变电力线和等位线的分布？为什么？
3. 等势线与电场线的关系？
4. 试从你描绘的等势线和电场线分布图，分析何处的电场强度较强。何处的电场强度较弱？
5. 如果电源电压增加1倍，等势线和电场线的形状有无变化？为什么？

实验9 补偿法测电动势

补偿法广泛应用于物理学各个领域。在电磁学实验中可用于精确测量电动势、电流、电阻等物理量。补偿原理在工程技术中也是一种常用的测量方法，主要用于补偿测量和校正系统误差。本实验通过测量电池电动势介绍电压补偿原理。

【实验目的】
1. 掌握补偿法测电动势的测量方法。
2. 了解电压补偿原理。

【实验原理】
用电压表直接测量电池电动势时，电压表与电池形成回路，使得电池内部有电流通过。若电池内阻不能忽略，则电池内部存在电压降，电压表测量结果为电池端电压。用补偿法测量电池电动势，电池内部电流强度为零，避免了电压降对测量结果的影响，测量结果依赖于标准电池和检流计的精度。电压补偿基本原理如图1所示，图中，ε_x 是待测电池，ε_0 是电动势已知的可调电源或分压电路的一部分，G 是检流计，用于测量回路中的电流强度。

调节 ε_0 电动势大小，回路中电流强度随之变化。当检流计指针指零时，回路中电流强度为零，ε_0、ε_x 两个电源电动势相等。此时，ε_x 的电动势被 ε_0 电动势"补偿"。ε_0 电动势已知，则 ε_x 电动势可以测得。

本实验使用的十一米线电阻结构，如图2所示。

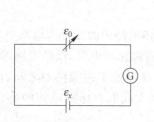
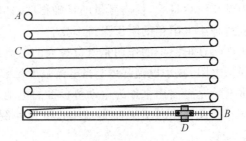

图1 补偿法原理简图　　　　图2 十一米线电阻

十一米线电阻就是用一根长 11m 的电阻丝绕过木板上的插孔,固定在 A、B 两端。活动插头 C 可插在各个插孔里,相邻插孔间的距离为 1m,按键 D 可沿电阻丝滑动。

实验电路图如图 3 所示,图中,ε 为直流电源;R_p 为电阻箱;AB 为十一米线电阻;G 为检流计;R 为保护电阻;ε_x 为待测电池;ε_s 为标准电池。

实验过程中电路里 C、D 两点的位置可以变化,由此得到可调大小的电压 U_{CD}。U_{CD} 在电路中的作用相当于图 1 中的 ε_0。电键合到 ε_x 一侧,调节 C、D 两点的位置,当检流计指针指零时,电路中虚线包围部分电流强度为零,电路达到平衡状态,此时

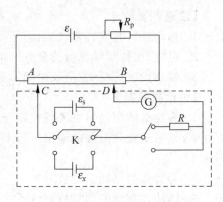

图 3　补偿法测电动势线路图

$$\varepsilon_x = U_{CD} \tag{1}$$

然后电键合到 ε_s 一侧,调节 C、D 位置至 C'、D',使电路再次达到平衡状态,则

$$\varepsilon_s = U'_{C'D'} \tag{2}$$

式(1)、(2)等号两边相除

$$\frac{\varepsilon_x}{\varepsilon_s} = \frac{U_{CD}}{U'_{C'D'}} = \frac{IR_{CD}}{IR'_{C'D'}}$$

两次平衡时经过电阻丝的电流强度相同,故

$$\frac{\varepsilon_x}{\varepsilon_s} = \frac{R_{CD}}{R'_{C'D'}} = \frac{l_{CD}}{l'_{C'D'}}$$

式中,ε_s 已知,测量两次平衡时 C、D 间电阻丝长度 l_{CD}、$l'_{C'D'}$,由

$$\varepsilon_x = \frac{l_{CD}}{l'_{C'D'}} \varepsilon_s$$

可以求得 ε_x。

【实验仪器】

直流电源;电阻箱;十一米线电阻;检流计;保护电阻;标准电池;待测电池;双刀双掷电键;导线。

电阻箱用于调节十一米线电阻两端电压。实验中调节电阻箱,使十一米线电阻两端电压稍大于待测电池电动势(本实验中待测电池电动势大于标准电池电动势),使平衡时所对应的电阻丝长度尽量大,提高测量的精确程度。电阻箱仅在电路达到第一次平衡前调节,随后的实验过程中电阻箱的阻值保持不变。

保护电阻在电路中的作用是避免过大的电流强度损坏电路中的元件。电路中电流未知时连接保护电阻,减小电流强度;当电流强度足够小时,短路保护电阻,提高电路的灵敏度。

标准电池是专门用来作为电动势标准的电池。电池电极处于固液两相之间,使用不当极易损坏。因此使用时不得摇晃、震动、横置和倒置。流入或取自标准电池的电流不得超过 1μA。

【实验步骤】

1. 连接电路(接线时注意两点:一是不得移动标准电池位置,将导线接到标准电池接

线柱的过程中避免标准电池晃动。二是正确连接各电池极性)。

2. C、D 两点置于靠近电阻丝两端处,电键连接待测电池一侧,调节电阻箱 R_p 趋近平衡状态。

3. 短路保护电阻,调节电阻箱 R_p 使电路平衡,记录 R_p,记录 C、D 间电阻丝长度 l_x。

4. 连接保护电阻,电键连接标准电池一侧,调节 C、D 间电阻丝长度趋近平衡状态。

5. 短路保护电阻,调节 C、D 间电阻丝长度达到平衡状态,记录 l_s。

6. 电键连接待测电池一侧,调节 C、D 间电阻丝长度达到平衡状态,记录 l_x。

7. 电键连接标准电池一侧,调节 C、D 间电阻丝长度达到平衡状态,记录 l_s。

8. 重复步骤 6,步骤 7,……,共计调节 12 次平衡。

【数据处理】

数据表格

$R_p =$ _____ ; $\varepsilon_s =$ _____

项目	实验次数						平均值
	1	2	3	4	5	6	
l_x/mm							
l_s/mm							

【注意事项】

1. 调节平衡时避免金属片与电阻丝摩擦;
2. 连线后,经教师检查无误方可打开直流电源。

【预习思考】

1. 为什么实验开始时,首先要调节待测电池一侧的平衡?
2. 实验中,C、D 两点间电阻丝长度变化范围是多少?
3. 如果接线过程中,某一电源正负极接反,能否调节达到电路平衡状态?为什么?
4. 如果和金属片接触部分的电阻丝长时间使用后被磨平了,对测量结果会产生怎样的影响?
5. 平衡时 C、D 间电阻丝长度对测量结果有何影响?

实验 10 密立根油滴法测定电子电荷

1897 年,汤姆孙(J. J. Thomson,1856—1940)在阴极射线管中发现了电子,这是人类历史上发现的第一个基本粒子,当时汤姆孙并没有能够直接测到电子电荷。电子电荷的精确数值最早是美国科学家密立根于 1917 年用实验测得的。密立根在前人工作的基础上,进行基本电荷量 e 的测量,为了实现精确测量,他创造了实验所必须的环境条件,例如油滴室的气压和温度的测量和控制。开始他是用水滴作为电量的载体的,由于水滴的蒸发,不能得到满意的结果,后来改用了挥发性小的油滴。最初,由实验数据通过公式计算出的 e 值随油滴的减小而增大,面对这一情况,经过分析后密立根认为,导致这个谬误的原因在于,实验中选用的油滴很小,对它来说,空气已不能看作连续媒质,斯托克斯定律已不适用,因此他通过分析和实验对斯托克斯定律作了修正,最终得到了合理的结果。由于上述工作,密立根获得了

1923年度诺贝尔物理学奖。

密立根的实验装置随着技术的进步而得到了不断的改进,但其实验原理至今仍在当代物理科学研究的前沿发挥着作用,例如,科学家用类似的方法确定出基本粒子——夸克的电量。

【实验目的】

1. 验证电荷的不连续性,并测定电子的电荷值。
2. 学习和理解密立根利用宏观量测量微观量的巧妙设想和构思。

【实验仪器】

本实验主要采用的仪器是 MOD-5 型密立根油滴仪,它改变了从显微镜中观察油滴的传统方式,而用 CCD 摄像头成像,将油滴在显示器屏幕上显示,视野宽广,便于观测。

整套密立根油滴仪包括高压电源、照明系统、电子计时器、油雾盒、玻璃喷雾器、CCD 摄像显微镜等部分。其结构如图 1 所示,图 2 是其外观图。

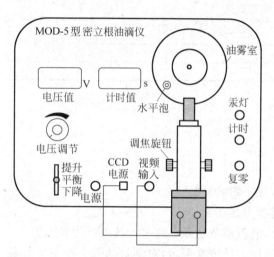

图 1　密立根油滴仪结构示意图

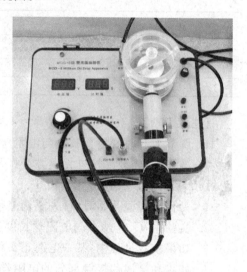

图 2　密立根油滴仪外观图

【实验原理】

本实验采用平衡测量法来测量油滴所带电量,从而确定电子的电荷。

用喷雾器将油滴喷入两块相距为 d 的平行极板之间。在喷射时,细微的油滴由于摩擦一般都已带电。设某一油滴的质量为 m,所带的电量为 q,两极板间的电压为 U,则此油滴在两极板之间将会受到重力和电场力的作用,如图 3 所示。

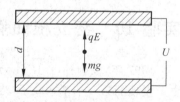

图 3　电场中的油滴受力图

调节两极板间的电压 U,可使这两个力达到平衡,油滴处于静止状态,此时的电压称为平衡电压,由平衡方程

$$mg = qE = q\frac{U}{d} \tag{1}$$

可得

$$q = \frac{mgd}{U} \tag{2}$$

由式(2)可以看出，要想测出油滴所带的电量 q，除了需测定平衡电压 U 和极板间距离 d 外，还需要测量油滴的质量 m。在本实验中油滴质量的数量级在 10^{-15} kg 左右，对于如此小的质量进行直接测量是极为困难的，需用特殊的方法进行测定。

由于油滴在表面张力的作用下一般为球状，其质量可表示为

$$m = \frac{4}{3}\rho\pi r^3 \tag{3}$$

式中，ρ 为油的密度，r 为油滴半径。所以，只要测出油滴的半径 r 即可算出油滴的质量。油滴半径的大小可以通过油滴在空气介质中的运动特点来测量。

如果撤销两平板间的电压，油滴将在空气中自由下落，此时油滴将受到自身的重力 $G = mg$，空气的浮力 $f = \frac{4}{3}\rho_a\pi r^3 g$ 及空气对油滴的黏滞阻力 F。由斯托克斯定律可知黏滞阻力的表达式为

$$F = 6\pi\eta r v \tag{4}$$

其中，η 是空气的黏滞系数，r 是油滴的半径，v 是油滴下落的速度。

因为 m 很小，需用如下特殊方法测定：平行极板不加电压时，油滴受重力作用而加速下降，随着速度 v 增大，油滴所受到的黏滞阻力 F 也在增大，当油滴速度 v 增大到某一值 v_0 时，满足 $G = f + F$，即

$$\frac{4}{3}\rho\pi r^3 g = \frac{4}{3}\rho_空\pi r^3 g + 6\pi\eta r v_0 \tag{5}$$

由式(5)可得

$$r = \sqrt{\frac{9\eta v_0}{2g(\rho - \rho_空)}} \tag{6}$$

一般情况下，$\rho \gg \rho_空$，故

$$r \approx \sqrt{\frac{9\eta v_0}{2g\rho}} \tag{7}$$

上面用到的斯托克斯定律适用于连续介质中球状物体所受的黏滞力。在本实验中油滴的直径小到可与空气分子之间的间隙相当，因此不能再将空气看作是连续均匀介质，在这种情况下，黏滞系数应修正为

$$\eta' = \frac{\eta}{1 + \frac{b}{pr}} \tag{8}$$

式中，b 是修正常数，$b = 8.22 \times 10^{-3}$ m·Pa；p 为大气压强，单位为 Pa。用 η' 代替式(7)中的 η，可得

$$r = \sqrt{\frac{9\eta v_0}{2g\rho\left(1 + \frac{b}{pr}\right)}} \tag{9}$$

$$m = \frac{4}{3}\rho\pi r^3 = \frac{4}{3}\rho\pi\left[\frac{9\eta v_0}{2g\rho\left(1 + \frac{b}{pr}\right)}\right]^{\frac{3}{2}} \tag{10}$$

式(9)中等号右侧仍有未知量半径 r，但因它处于修正项中，因此不需要十分精确，可直接由式(7)计算，设此时油滴的半径为 r_0，即 $r_0 = \sqrt{\dfrac{9\eta v_0}{2g\rho}}$，则

$$r = \sqrt{\dfrac{9\eta v_0}{2g\rho\left(1+\dfrac{b}{pr_0}\right)}} \tag{11}$$

将式(11)代入式(2)中可得

$$q = \dfrac{4}{3}\rho\pi g\left[\dfrac{9\eta v_0}{2g\rho\left(1+\dfrac{b}{pr_0}\right)}\right]^{\frac{3}{2}}\dfrac{d}{U} = \dfrac{18\pi}{\sqrt{2g\rho}}\left[\dfrac{\eta v_0}{\left(1+\dfrac{b}{pr_0}\right)}\right]^{\frac{3}{2}}\dfrac{d}{U} \tag{12}$$

通过上述一系列分析和推导，我们把需要测量的微观量质量 m 转换成了测量宏观量速度 v_0，而 v_0 可以通过观测油滴匀速下落一段距离 L 所用的时间 t 来确定，即

$$v_0 = \dfrac{L}{t} \tag{13}$$

最后得到理论公式为

$$q = \dfrac{18\pi}{\sqrt{2g\rho}}\left(\dfrac{L}{t}\right)^{\frac{3}{2}}\left[\dfrac{\eta}{\left(1+\dfrac{b}{pr_0}\right)}\right]^{\frac{3}{2}}\dfrac{d}{U} \tag{14}$$

由式(14)可以看出，测出平衡电压后再撤去电压，让油滴在空气中自由下落，到达匀速后测出给定的下落距离 L 所需要的时间，就可以算出油滴的带电量。

为了测出电子的电荷，我们需要测量多个油滴的带电量，然后对测得的各个电量值求最大公约数，这个最大公约数就是电子的电量。但由于在实验中存在测量误差，要求出这个最大公约数比较困难，我们通常用实验测得的油滴电量除以公认的电子电荷 $e_0 = 1.602 \times 10^{-19}$ C，把得数取成整数，这个整数可近似地视为油滴中所包含的电子数目 n，再用实验测得的油滴电量除以 n，得到的结果即为本实验电子的电荷 e。

【实验内容】

1. 调整仪器

将仪器放平稳，调节仪器底部左右两只调平螺丝，使水准泡指示水平，这时平行极板处于水平位置。预热 10min，利用预热时间从测量显微镜中观察，如果分划板位置不正，则转动目镜头，将分划板放正，目镜头要插到底。调节接目镜，使分划板刻线清晰。如图4所示。

2. 选择合适的油滴

选择一个大小合适，带电量适中的油滴是做好本实验的关键。选的油滴体积不能太大，太大的油滴虽然比较亮，但一般带的电量比较多，下降速度也比较快，时间不容易测准确。若油滴太小则布朗运动明显，时间也不容易测准确。通常选择平衡电压为 $100\sim 400$V，匀速下降 2mm 所用时间为 $10\sim 30$s 的油滴比较合适。

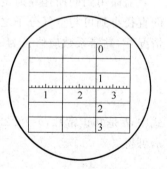

图4　分划板示意图

(1) 把工作电压选择开关置"平衡"挡,旋转平衡电压旋钮将平衡电压调至 200V 左右,再把工作电压选择开关置"下落"挡。

(2) 在玻璃喷雾器中注入几滴油,将喷雾器玻璃管口插入油雾室,用力挤压喷雾器的橡皮球 2~3 下,随即将喷雾器玻璃口朝上放置到实验桌上的玻璃杯中。

(3) 把工作电压选择开关置"平衡"挡,调焦手轮,即可从显微镜中看到大量清晰的油滴。

(4) 选择一个运动缓慢的油滴,仔细调节平衡电压的大小,使它不动,再把工作电压选择开关置"上升"挡,把选中的油滴调到屏幕分划板 0 刻度以上位置。然后把工作电压选择开关置"下落"挡,让油滴下落一段时间后油滴处于匀速运动状态,再使用电子计时器记录油滴下落 2mm 所需要的时间 t。若时间 t 为 10~30s,平衡电压为 100~400V,此油滴即为适合本实验的油滴,如果上述两个物理量只要其中之一不符合要求的范围值,此油滴必须放弃,再按照上面的步骤重新选择,直到满足条件为止。

3. 测量油滴匀速下降 L 距离所需要的时间

选择好合适的油滴后,选定测量的一段距离 L(取 $L=2mm$),然后把工作电压选择开关拨向"提升"挡,把油滴移动到选定距离的起点上方一小段距离后,再把选择开关拨向"下落"挡,使油滴自由下落,到达选定距离的起点时按下计时器开始计时,到达选定距离的终点时,再按一下计时按钮,计时结束,同时迅速将选择开关拨向"平衡"挡,然后记录下落 L 距离所需的时间 t 和平衡电压 U。做好记录后,再把选择开关拨向"提升"挡,使油滴回到原来高度,进行下次测量。同一油滴测量 5 次,如果油滴逐渐模糊,要微调显微镜跟踪油滴,防止油滴丢失。

为了在测量距离范围内保证油滴匀速运动,应先让它下降一段距离后再测量时间。同时选定测量的距离 L 应该在平行极板之间的中央部分,即目镜中分划板的中央部分,若太靠近上极板,小孔附近不仅有气流,电场也不均匀,会影响测量结果;若太靠近下极板,测量完时间后,油滴容易丢失,影响重复测量。

用同样的方法对 5 颗油滴进行测量。数据表格自拟。

【数据处理】

1. 利用公式(14)计算油滴的带电量 q。
2. 用 q 除以电子电荷的公认值 $e_0=1.602\times 10^{-19}$C,求出油滴中所包含的电子个数 n(四舍六入五凑偶取成整数),电子电荷即为 $\bar{e}=\dfrac{q}{n}$。
3. 计算 $\bar{e}$ 的相对不确定度 $E_r=\dfrac{\Delta e}{\bar{e}}$ 及不确定度 Δe,最终结果表达为 $e=\bar{e}\pm\Delta e$。

【注意事项】

1. 实验前必须调节仪器底座上的三只调平手轮,使水准泡指示水平。
2. 喷雾时喷雾器应竖拿,喷雾器对准油雾室的喷雾口,轻轻喷入少许油即可,切勿喷入大量油雾或将油雾室拿掉后对准上电极板落油小孔喷油,这样容易把落油孔堵塞。
3. 实验中,由于油滴盒上下电极间有高压产生,请不要将油雾杯取下来,以防触电。

【思考题】

1. 在开始实验时,平行极板未调水平,对实验结果有何影响?
2. 在观察油滴下落时,下落区间是否可以任意选择,为什么?

3. 在跟踪观察某一油滴时,原来清晰的油滴逐渐变模糊,为什么会发生此现象?

4. 在测量时间 t 时,平行极板之间是否加电压?此时能使油滴匀速下落的平衡力是什么?

5. 对一个油滴多次测量时发现平衡电压会发生变化,是什么原因导致电压变化的?

实验 11 电表改装与校正

电表是常用的电学测量仪器,常见电表有直流电流表、交流电流表、直流电压表、交流电压表、欧姆表等。这些电表都可以由电流计改装而成。电流计,俗称表头,一般只能测量很小的电流和电压,但经过改装后,调节其量程,可以用来测量较大的电流和电压。

【实验目的】
1. 熟悉电流表、电压表的原理;
2. 学习测量电流计(表头)的量程和内阻;
3. 掌握将电流计改装成大量程电压表和电流表的方法;
4. 掌握改装表的校准及其等级的标定。

【实验仪器】
TKDG-2 型电表改装与校准实验仪,如图 1 所示,包括磁电式电流计(待改装表头)、校准用的标准数字电流表和电压表、电阻箱、稳压电源、专用连接线。

图 1 TKDG-2 型电表改装与校准实验仪

【实验原理】
常用的直流电流表和直流电压表都有一个共同部分,即表头。表头通常是磁电式电流计,结构如图 2 所示,永久磁铁中放置可以转动的线圈,当电流通过线圈时,载流线圈在磁场中就产生磁力矩,使线圈转动。磁力矩 M 的大小为

$$M = NBSI$$

其中,N 是线圈匝数,S 是线圈面积,B 是磁感应强度,I 是线圈中的电流。线圈在转动过程中,扭转与线圈转动轴相连的上下游丝,使游丝发生形变产生与磁力矩反向的恢复力矩。恢复力矩 M' 的大小与转角 θ 成正比,可以表示为

$$M' = D\theta$$

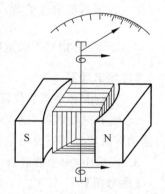

图 2 电流计结构图

式中,D 为游丝的扭转系数。

当作用在线圈上的磁力矩和作用在转轴上的恢复力矩达到平衡时,线圈很快停下来。此时有

$$\theta = \frac{NBS}{D}I = S_i I$$

式中,$S_i = NBS/D$,称为电流计的电流灵敏度。此式表明,线圈偏转的角度与通过线圈的电流成正比,这就是磁电式电流计能够测量电流的原理。

电流计允许通过的最大电流称为电流计的量程,用 I_g 表示,电流计的线圈有一定内阻,用 R_g 表示,I_g 与 R_g 是表示电流计特性的两个重要参数。

1. 将电流计改装成大量程电流表

电流计的量程 I_g 很小,在实际应用中,若测量较大的电流,就必须扩大量程。扩大量程的方法是在电流计的两端并联一分流电阻 R_p,如图 3 所示。这样就使大部分被测电流从分流电阻上流过,而通过电流计的电流不超过原来的量程 I_g。

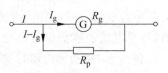

图 3　电流表改装

设改装后的量程为 I,根据欧姆定律可得

$$(I - I_g)R_p = I_g R_g$$

并联分流电阻

$$R_p = \frac{I_g R_g}{I - I_g}$$

由上式可见,要想将微安表的量程扩大到原来量程的 n 倍,$n = I/I_g$,那么只须在表头上并联一个分流电阻,其电阻值为 $R_p = \dfrac{R_g}{n-1}$

2. 将电流计改装成大量程电压表

若用电流计直接测量电压,它的量程只有 $I_g R_g$,是很低的。在实际应用中,为了能测量较高的电压,电流计可以串联一电阻 R_s,如图 4 所示,使大部分电压分在串联的附加电阻 R_s 上,而电流计上的电压很小,仍不超过原来的电压量程 $u_g = I_g R_g$。

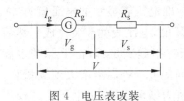

图 4　电压表改装

设改装后的电压表的量程为 U,如图 4 所示,根据欧姆定律可得

$$I_g(R_g + R_s) = U$$

串联分压电阻大小为

$$R_s = \frac{U}{I_g} - R_g$$

若改装后电压表扩大量程 m 倍,$m = u/u_g$,只要在该表头上串联一个分压电阻,阻值为

$$R_s = (m - 1)R_g$$

3. 直流电压表、电流表的标定校准

按照国家标准规定,电表一般分为 7 个准确度等级,即 0.1,0.2,0.5,1.0,1.5,2.5,5.0 共 7 个级别。等级数值越小,电表的精确度越高。通常所用电表的等级都在电表的分度盘上标出。在只考虑仪器自身影响时,电表的基本误差(不确定度)可以按下式计算

$$\Delta = 量程 \times (精度级别)\%$$

对于利用电流计改装后得到的电流表、电压表,必须经过校准方可使用。让改装后的电表与标准电表同时测量一定的电流(电压),其指示值与相应的标准值相符的程度,确定改装后电表的精确程度,并确定相应等级。计算电表级别时,如果所得结果在两个规定的等级数值之间,则此时电表的等级定为低精确度的一级。例如,某一电表测量所得最大基本误差值为 0.7%,该表的等级就定为 1.0 级,而不能定为 0.5 级。

【实验内容】

1. 测量电流计最大量程 I_g、内阻 R_g

(1) 利用可调稳压电源、标准电流表、可调电阻等器件组成串联电路,测电流计量程 I_g。

(2) 测量内阻 R_g:常用半电流法,或者代替法。

半电流法(也称中值法):将被测电流计接在电路中,调节电源电压使电流计满偏,再用电阻箱与电流计并联作为分流电阻,改变电阻值即改变分流程度,当电流计指针指示到中间值,且总电流强度仍保持不变时,分流电阻值就等于电流计内阻。

替代法:将被测电流计接在电路中,然后用电阻箱替代电流计。保持电路中的电压不变,调节电阻值,当电路中的电流恢复到替代前的数值时,电阻箱的电阻即为被测电流计内阻。

2. 将电流计改装成量程为 10mA 的电流表

根据改变后的量程,计算分流电阻的理论值 R_p。将电阻箱阻值调为 R_p,并联在电流计上。按图 5 接线,检查接线正确后,当标准电流表显示的电流为 10mA 时,微调电阻箱,使电流计指到满量程,记录此时分流电阻的实际值,量程为 10mA 的电流表改装完成。最后用标准表来校准改装的电流表。调小电源电压,使改装表每隔 2mA 逐步减小读数至零点;再调节电源电压按原间隔 2mA 逐步增大改装表的读数到满量程,每次记下标准电流表相应的读数填入表 1。以改装表读数为横坐标,以差值为纵坐标,画出电流表的校正曲线。并根据两表最大误差的数值定出改装表的准确度级别。

3. 将电流计改装成量程为 2V 的电压表

根据量程计算串联分压电阻值 R_s,按图 6 连接电路,当标准电压表显示的电压值为 2V 时,微调电阻箱的阻值,使表头满偏,记录此时分压电阻的实际值,电压表就改装完成。然后用标准表来校准改装的电压表。调节电源电压,使改装表指针指到满量程,记下标准表读数。然后每隔 0.4V 逐步减小改装表读数直至零点,再按原间隔 0.4V 逐步增大到满量程,记下每次标准表相应的读数;以改装表读数为横坐标,以差值为纵坐标,画出电压表的校正曲线。并根据两表最大误差的数值定出改装表的准确度级别。

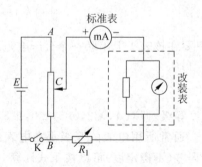

图 5 电流表改装和校准电路

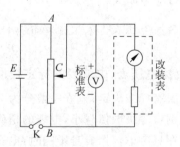

图 6 电压表改装和校准电路

【数据记录】

表1　电流表校正数据记录　　　　　　　　　　　　　　　　　　单位：mA

被校表读数 I_x/mA	10	8	6	4	2	0
电压减小时标准表读数 I_1						
电压增加时标准表读数 I_2						
$\Delta I_x = (I_1+I_2)/2 - I_x$						

表2　电压表校正数据记录　　　　　　　　　　　　　　　　　　单位：V

被校表读数 U_x	2	1.6	1.2	0.8	0.4	0
电压减少时标准表读数 U_1						
电压增加时标准表读数 U_2						
$\Delta U_x = (U_1+U_2)/2 - U_x$						

【思考题】

1. 校正电流表时发现改装表的读数相对于标准表的读数偏高，试问要达到标准表的数值，改装表的分流电阻应调大还是调小？

2. 校正电压表时发现改装表的读数相对于标准表的读数偏低，试问要达到标准表的数值，改装表的分压电阻应调大还是调小？

3. 测量电流计内阻应注意什么？是否还有其他方法来测定电流计内阻？能否用欧姆定律来进行测定？能否用电桥来进行测定？

实验12　示波器的原理和使用

【实验目的】

1. 了解示波器的结构和显示波形的基本原理。
2. 学会用示波器观察波形以及测量电压、周期和频率。
3. 学会用示波器观察李萨如图形，并通过李萨如图形测量待测信号的频率。

【实验仪器】

NM4480型示波器和DDS函数信号发生器。

【实验原理】

示波器是一种用途广泛的电子测量仪器，主要由示波管和复杂的电子线路组成。用示波器可以直接观察电信号的波形，并能测量电压信号的幅度和频率等。因此，一切可以转化为电压信号的电学量（如电流、阻抗等）和非电学量（如位移、压力、温度、光强等）都可以用示波器来观察、测量。由于电子射线的惯性小，又能在荧光屏上显示出可见的图像，所以示波器特别适用于观测瞬时变化过程。

根据工作原理的不同，示波器可以分为电子示波器和电磁示波器两大类。电子示波器是利用阴极射线管作为显示器组成的一种示波器，又称阴极射线示波器。电磁示波器是利用振子与磁电系（或电动系）测量机构组成的一种示波器，又称振子示波器。电子示波器（简称示波器）能够方便地显示各种电信号的波形，一切可以转化为电压的电学量和非电学量及其随时间作周期性变化的过程都可以用示波器来观测,示波器是一种用途十分广泛的测量仪器。

1. 示波器的基本结构

示波器的主要部分有示波管、带衰减器的 Y 轴放大器、带衰减器的 X 轴放大器、扫描发生器(锯齿波发生器)、触发同步和电源等。为了适应各种测量的要求,示波器的电路组成是多样而复杂的,这里仅就主要部分加以介绍。

1) 示波管

如图 1 所示,示波管主要包括荧光屏、电子枪和偏转系统三部分,全都密封在玻璃外壳内,里面抽成高真空。下面分别说明各部分的作用。

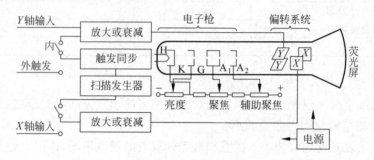

图 1 示波器结构示意图

H—灯丝;K—阴极;G—控制栅极;A_1—第一阳极;A_2—第二阳极

(1) 荧光屏

它是示波器的显示部分,当加速聚焦后的电子打到荧光屏上时,屏上所涂的荧光物质就会发光,从而显示出电子束的位置。当电子停止作用后,荧光剂的发光需经一定时间才会停止,称为余辉效应。

(2) 电子枪

电子枪由灯丝 H、阴极 K、控制栅极 G、第一阳极 A_1、第二阳极 A_2 5 部分组成。灯丝通电后加热阴极。阴极是一个表面涂有氧化物的金属筒,被加热后发射电子。控制栅极是一个顶端有小孔的圆筒,套在阴极外面。它的电位比阴极低,对阴极发射出的电子起控制作用,只有初速度较大的电子才能穿过栅极顶端的小孔然后在阳极加速下射向荧光屏。示波器面板上的"亮度"调整就是通过调节电位以控制射向荧光屏的电子流密度,从而改变荧光屏上的光斑亮度。阳极电位比阴极电位高很多,电子被它们之间的电场加速形成射线。当控制栅极、第一阳极、第二阳极之间的电位调节合适时,电子枪内的电场对电子射线就有聚焦作用,所以第一阳极也称聚焦阳极。第二阳极电位更高,又称加速阳极。面板上的"聚焦"调节,就是调节第一阳极电位,使荧光屏上的光斑成为明亮、清晰的小圆点。有的示波器还有"辅助聚焦",实际是用于调节第二阳极电位。

(3) 偏转系统

它由两对相互垂直的偏转板组成,一对垂直偏转板 Y,一对水平偏转板 X。在偏转板上加适当电压,电子束通过时,其运动方向发生偏转,从而使电子束在荧光屏上的光斑位置也发生改变。

容易证明,光点在荧光屏上偏移的距离与偏转板上所加的电压成正比,因而可将电压的测量转化为屏上光点偏移距离的测量,这就是示波器测量电压的原理。

2) 信号放大器和衰减器

示波管本身相当于一个多量程电压表,这一作用是靠信号放大器和衰减器实现的。由于示波管本身的 X 轴及 Y 轴偏转板的灵敏度不高(0.1~1mm/V),当加在偏转板的信号过小时,要预先将小的信号电压加以放大后再加到偏转板上。为此设置 X 轴及 Y 轴电压放大器。衰减器的作用是使过大的输入信号电压变小以适应放大器的要求,否则放大器不能正常工作,使输入信号发生畸变,甚至使仪器受损。对一般示波器来说,X 轴和 Y 轴都设置有衰减器,以满足各种测量的需要。

3) 扫描系统

扫描系统也称时基电路,用来产生一个随时间作线性变化的扫描电压,这种扫描电压随时间变化的关系如同锯齿,故称锯齿波电压,这个电压经 X 轴放大器放大后加到示波管的水平偏转板上,使电子束产生水平扫描。这样,屏上的水平坐标变成时间坐标,Y 轴输入的被测信号波形就可以在时间轴上展开。扫描系统是示波器显示被测电压波形必需的重要组成部分。

2. 示波器显示波形的原理

如果只在竖直偏转板上加一交变的正弦电压,则电子束的亮点将随电压的变化在竖直方向来回运动,如果电压频率较高,则看到的是一条竖直亮线,如图2所示。要能显示波形,必须同时在水平偏转板上加一扫描电压,使电子束的亮点沿水平方向拉开。这种扫描电压的特点是电压随时间成线性关系增加到最大值,最后突然回到最小,此后再重复地变化。这种扫描电压即前面所说的"锯齿波电压",如图3所示。当只有锯齿波电压加在水平偏转板上时,如果频率足够高,则荧光屏上只显示一条水平亮线。

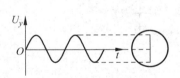

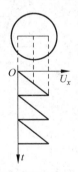

图2 在竖直偏转板上加正弦电压的情形　　图3 在水平偏转板上加锯齿波电压的情形

如果在竖直偏转板上(简称 Y 轴)加正弦电压,同时在水平偏转板上(简称 X 轴)加锯齿波电压,电子受竖直、水平两个方向的力的作用,电子的运动就是两种相互垂直的运动的合成。当锯齿波电压比正弦电压变化周期稍大时,在荧光屏上将能显示出完整周期的所加正弦电压的波形图,如图4所示。

3. 同步的概念

如果正弦波和锯齿波电压的周期稍微不同,屏上出现的是一移动着的不稳定图形。这种情形可用图5说明。设锯齿波电压的周期 T_x 比正弦波电压周期 T_y 稍小,比如 $T_x/T_y=$

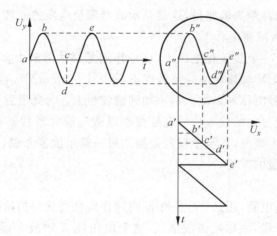

图 4 正弦波电压波形图的显示原理

7/8。在第一个扫描周期内,屏上显示正弦信号 0～4 点之间的曲线段;在第二个周期内,显示 4～8 点之间的曲线段,起点在 4 处;第三个周期内,显示 8～11 点之间的曲线段,起点在 8 处。这样,屏上显示的波形每次都不重叠,好像波形在向右移动。同理,如果 T_x 比 T_y 稍大,则好像波形在向左移动。以上描述的情况在示波器使用过程中经常会出现。其原因是扫描电压的周期与被测信号的周期不相等或不成整数倍,以致每次扫描开始时波形曲线上的起点均不一样所造成的。为了使屏上的图形稳定,必须使 $T_x/T_y=n(n=1,2,3,\cdots)$,$n$ 是屏上显示完整波形的个数。

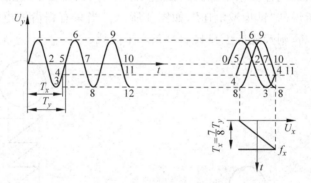

图 5 同步的概念

为了获得一定数量的波形,示波器上设有"扫描时间"(或"扫描范围")、"扫描微调"旋钮,用来调节锯齿波电压的周期 T_x(或频率 f_x),使之与被测信号的周期 T_y(或频率 f_y)有合适的关系,从而在示波器屏上得到所需数目的完整的被测波形。输入 Y 轴的被测信号与示波器内部的锯齿波电压是互相独立的。由于环境或其他因素的影响,它们的周期(或频率)可能发生微小的改变。这时,虽然可通过调节扫描旋钮将周期调到整数倍的关系,但过一会儿又变了,波形又移动起来。在观察高频信号时这种问题尤为突出。为此,示波器内装有扫描同步装置,让锯齿波电压的扫描起点自动跟着被测信号改变,这就称为整步(或同步)。调节示波器面板上的"TRIG LEVER"(触发电平)一般能使波形稳定下来。有的示波器中,需要让扫描电压与外部某一信号同步,因此设有"触发选择"键,可选择外触发工作状态,相应设有"外触发"信号输入端。

4. 观察李萨如图形

通过观察荧光屏上李萨如图形进行频率对比的方法称为李萨如图形法。此法于 1855 年由李萨如证明。将被测正弦信号 f_y 加到 Y 偏转板，将参考正弦信号 f_x 加到 X 偏转板，当两者的频率之比 f_y/f_x 是整数时，在荧光屏上将出现李萨如图形。李萨如图的形状与频率之比 f_y/f_x 和两个交流信号的相位差有关。图 6 列出了不同频率比和相位差时的李萨如图。

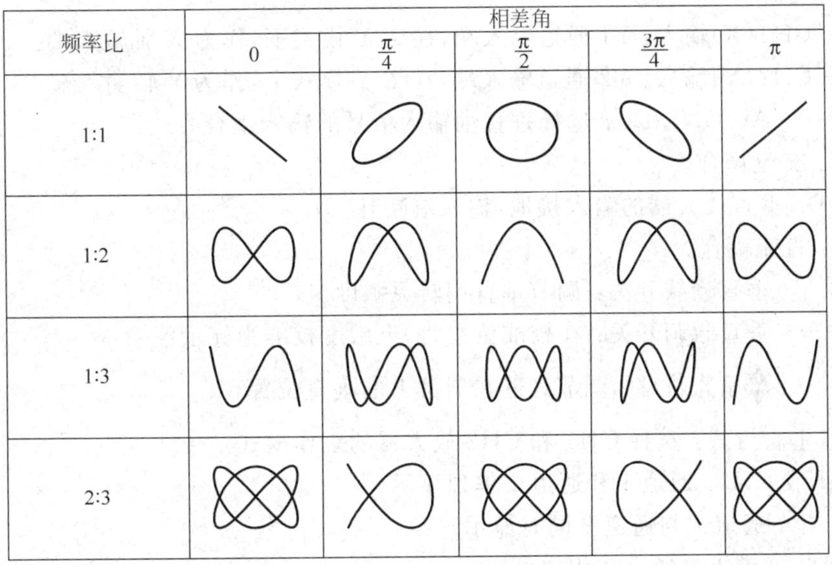

频率比	相差角				
	0	$\frac{\pi}{4}$	$\frac{\pi}{2}$	$\frac{3\pi}{4}$	π
1:1	/	⬭	○	⬭	/
1:2	∞				∞
1:3					
2:3					

图 6 不同频率比和相位差的李萨如图

【仪器介绍】

1. NM4480 型示波器

NM4480 型示波器前面板如图 7 所示。

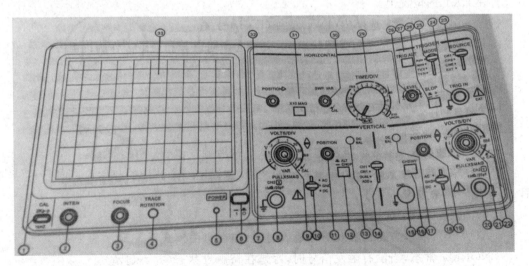

图 7 NM4480 型示波器前面板控件

(1) CRT

⑥——电源：主电源开关，当此开关开启时发光二极管⑤亮。

②——亮度：调节轨迹或光点的亮度。

③——聚焦：调节轨迹或光点的清晰度。

④——轨迹旋转：调整水平轨迹与刻度线平行。

㉝——滤色片：使波形显示效果更舒适。

(2) 垂直轴

⑧——CH1(X)输入：Y1 通道输入端，在 X-Y 模式下，作为 X 轴输入端。

⑳——CH2(Y)输入：Y2 通道输入端，在 X-Y 模式下，作为 Y 轴输入端。

⑩、⑱——AC-GND-DC：选择垂直轴输入信号的输入耦合方式。

　AC：交流耦合。

　GND：垂直放大器的输入接地，输入端断开。

　DC：直流耦合。

⑦、㉒——垂直衰减开关：调节垂直偏转灵敏度。

⑨、㉑——垂直微调开关：在校准位置时，灵敏度校准为标示值。

⑪、⑲——▲▼垂直位移：调节光迹在屏幕上的垂直位置。

⑭——垂直方式：选择 CH1 和 CH2 放大器的工作模式。

　CH1 或 CH2：通道 1 和通道 2 单独显示。

　DUAL：通道 1 与通道 2 同时显示。

　ADD：通道 1 与通道 2 相加显示。

⑯——CH2 INV：通道 2 的信号反相，当此键按下时，通道 2 的信号以及通道 2 的触发信号同时反相。

(3) 触发

㉔——外触发输入端子：用于输入外部触发信号。当使用该功能时，触发源选择开关应设置在 EXT 的位置上。

㉓——触发源选择：选择内(INT)或外(EXT)触发。

　ALT：当垂直工作方式为交替状态时，交替选择通道 1 和通道 2 作为内触发信号源。

　CH1：选择通道 1 作为内触发信号源。

　CH2：选择通道 2 作为内触发信号源。

　LINE：选择交流电源作为触发信号。

　EXT：外部触发信号接于㉔作为触发信号源。

㉖——极性：触发信号的极性选择。"＋"上升沿触发、"－"下降沿触发。

㉘——触发电平：显示一个同步稳定的波形，并设定一个波形的起始点。向"＋"(顺时针)方向旋转时触发电平减小。

㉕——触发方式：选择触发方式。

　AUTO：自动，当没有触发信号输入时，扫描在自由模式下。

　NORM：常态，当没有触发信号时，踪迹在待触发状态（并不显示）。

　TV-V：电视场，适用于观察一场的电视信号。

TV-H：电视行，适用于观察一行的电视信号。
（仅当同步信号为负脉冲时，方可同步电视场和电视行）。
SINGLE：单次触发，能捕捉单次信号，并随信号的发生而触发扫描。

㉘——触发电平锁定：将触发电平旋钮㉘向逆时针方向转到底，听到咔嗒一声后，触发电平被锁定在一个固定电平上，这时改变扫描速度或信号幅度时，不再需要调节触发电平，即可获得同步信号。

（4）时基

㉙——水平扫描速度开关：扫描快慢由扫描时间钮㉙调节。该旋钮周围标出的数字表示沿水平方向扫过一大格所需时间，单位为 s、ms 或 μs。

㉚——水平微调：微调水平扫描时间，使扫描时间被校准到与面板上 TIME/DIV 指示一致。TIME/DIV 扫描速度可连续变化，当顺时针旋转到底为校准位置。整个延时可达 2.5 倍甚至更多。

㉜——◀▶水平位移：调节光迹在屏幕上的水平位置。

㉛——扫描扩展开关：按下时，扫描速度扩展 10 倍。

⑫——交替扫描扩展开关：当此开关按下时，未扩展波形和扩展×10 波形同时显示。

（5）其他

①——CAL：提供幅度为 $2V_{P-P}$、频率为 1kHz 的方波信号，用于校准 10∶1 探极的补偿电容器和检测示波器垂直与水平的偏转系数。

⑮——GND：示波器机箱的接地端子。

各控件初始设置，如表 1 所示。

表 1　NM4480 型示波器前面板控件的初始位置

功　能	序　号	设　置
电源(POWER)	6	关
亮度(INTEN)	2	居中
聚焦(FOCUS)	3	居中
垂直方式(VERT MODE)	14	通道 1
交替/断续(ALT/CHOP)	12	释放(ALT)
通道 2 反向(CH2 INV)	16	释放
垂直位移(♦POSITION)	11、19	居中
垂直衰减(VOLTS/DIV)	7、22	50mV/DIV
微调(VARIABLE)	9、21	CAL(校准位置)
AC-GND-DC	10、18	GND
触发源(SOURCE)	23	通道 1
极性(SLOPE)	26	+
触发交替选择(TRIG. ALT)	27	释放
触发方式(TRIGGER MODE)	25	自动
扫描时间(TIME/DIV)	29	0.5mV/DIV
微调(SWP. VAR)	30	校准位置
水平位移(◀▶POSITION)	32	居中
扫描扩展(X10 MAG)	31	释放

【实验内容与步骤】

1. 观察信号发生器波形

（1）将信号发生器的输出端接到示波器 Y 轴输入端上。

（2）开启信号发生器，调节示波器（注意信号发生器频率与扫描频率），观察正弦波形，并使其稳定。

2. 测量正弦波电压的幅值和有效值

在示波器上调节出大小适中、稳定的正弦波形，选择其中一个完整的波形，先测算出正弦波电压峰-峰值 $U_{p\text{-}p}$，即

$$U_{p\text{-}p} = （垂直距离\ \text{DIV}）\times（挡位\ \text{V/DIV}）\times（探头衰减率）$$

然后，求出正弦波电压有效值，为

$$U = \frac{0.71 \times U_{p\text{-}p}}{2}$$

3. 测量正弦波周期和频率

在示波器上调节出大小适中、稳定的正弦波形，选择其中一个完整的波形，先测算出正弦波的周期 T，即

$$T = （水平距离\ \text{DIV}）\times（挡位\ \text{s/DIV}）$$

然后，求出正弦波的频率 $f = \dfrac{1}{T}$。

4. 利用李萨如图形测量频率

设将未知频率 f_y 的电压 U_y 和已知频率 f_x 的电压 U_x（均为正弦电压）分别送到示波器的 Y 轴和 X 轴，则由于两个电压的频率、振幅和相位的不同，在荧光屏上将显示出各种不同的波形，一般得不到稳定的图形。但当两电压的频率成简单整数比时，将出现稳定的封闭曲线，称为李萨如图形。根据这个图形可以确定两电压的频率比，从而确定待测频率的大小。

图 8 给出了各种不同的频率比在不同相位差时的李萨如图形，不难得出：

$$\frac{加在\ Y\ 轴电压的频率\ f_y}{加在\ X\ 轴电压的频率\ f_x} = \frac{水平直线与图形相交的点数\ N_x}{垂直直线与图形相交的点数\ N_y}$$

所以未知频率

$$f_y = \frac{N_x}{N_y} f_x$$

但应指出水平、垂直直线不应通过图形的交叉点。

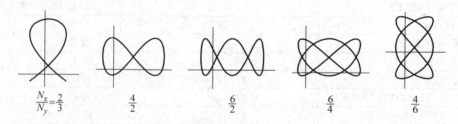

图 8　李萨如图的横向和竖向交点数示意图

测量方法如下：

（1）将一台信号发生器的输出端接到示波器 Y 轴输入端上，并调节信号发生器输出电

压的频率为50Hz,作为待测信号频率。把另一信号发生器的输出端接到示波器 X 轴输入端上,作为标准信号频率。

(2) 分别调节与 X 轴相连的信号发生器输出正弦波的频率 f_x 约为 25Hz、50Hz、100Hz、150Hz、200Hz 等,观察各种李萨如图形。微调 f_x 使其图形稳定时,记录 f_x 的确切值,再分别读出水平线和垂直线与图形的交点数,由此求出各频率比及被测频率 f_y,记录于表 2 中。

(3) 观察时若图形大小不适中,可调节"V/DIV"和与 X 轴相连的信号发生器输出电压。

【实验数据处理及结果】

表 2 利用李萨如图形测量待测正弦信号的频率

标准信号频率 f_x/Hz	25	50	100	150	200
李萨如图形(稳定时)					
频比 = $\dfrac{\text{水平线相交点数 } N_x}{\text{垂直线相交点数 } N_y}$					
待测电压频率 $f_y = f_x \dfrac{N_x}{N_y}$					
f_y 的平均值/Hz					

【预习思考】

1. 示波器为什么能显示被测信号的波形?
2. 荧光屏上无光点出现,有几种可能的原因?怎样调节才能使光点出现?
3. 荧光屏上出现波形移动,可能是由什么原因引起的?

【分析讨论】

1. 示波器能否用来测量直流电压?如果可以,则如何进行?
2. 如果示波器波形不稳定,总是向左或者向右移动,该如何调节?
3. 观察李萨如图形时,如果图形不稳定,那么图形的变化快慢与两个信号频率之差有什么关系?

实验 13　迈克耳孙干涉仪的调整和使用

迈克耳孙干涉仪是 1881 年美国物理学家迈克耳孙设计制成的一种精密干涉仪,在近代物理和计量技术中有着广泛的应用,例如,测量光的波长、微小长度、相干长度、折射率等。若用相干性较好的光源还可对较大的长度、空气的折射率作精密测量,并可用它来研究温度、压力对光传播的影响等。

【实验目的】

1. 了解迈克耳孙干涉仪的结构,学会迈克耳孙干涉仪的调整和使用;
2. 理解迈克耳孙干涉仪的非定域干涉条纹形成条件及变化规律;
3. 学会利用点光源产生的非定域干涉条纹测量单色光的波长。

【实验仪器】

迈克耳孙干涉仪;氦氖激光器;毛玻璃屏(观察屏)。

1. 迈克耳孙干涉仪的结构

迈克耳孙干涉仪的结构如图 1 所示。一个机械台面 3 固定在较重的铸铁底座 2 上，底座上有 3 颗调节螺钉 1，用来调节台面的水平。在台面上装有螺距为 1mm 的精密丝杆 4，丝杆的一端与齿轮系 10 相连接，转动手轮 11 或微动鼓轮 13 都可使丝杆转动，从而使骑在丝杆上的滑动台 5 沿着轨道移动。M_1 反射镜 16 固定在滑动台上，称为动镜。M_2 反射镜 15 是固定在镜台上的，称为固镜。M_1、M_2 两镜后面各有两颗螺钉 6，可调镜面的倾斜度。M_2 镜台下面还有一个水平方向的拉簧螺丝 12 和一个竖直方向的拉簧螺丝 14，其松紧使镜 M_2 产生极小的倾斜，从而可以对 M_2 的倾斜度作更精细的调节。7 和 8 分别为分束镜 G_1 和补偿板 G_2。M_1、M_2 两镜面都镀了银，G_1 的内表面为反射面，也镀有银。平面镜 M_1 和 M_2 互相垂直，且 G_1、G_2 与 M_1、M_2 均成 45°角。

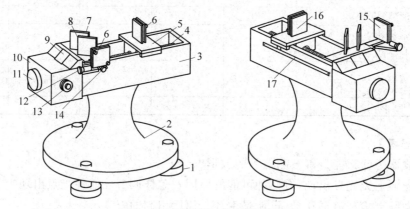

图 1　迈克耳孙干涉仪结构示意图

1—底座调节螺钉；2—底座；3—台面；4—丝杆；5—滑动台；6—调节镜面螺钉；7—分束镜 G_1；8—补偿板 G_2；9—读数窗；10—齿轮系；11—手轮；12、14—拉簧螺丝；13—微动鼓轮；15—反射镜 M_2；16—反射镜 M_1；17—毫米标尺

2. 补偿板 G_2 的作用

补偿板 G_2 的厚度及折射率均与分束镜 G_1 相同，且二者应相互平行，其作用是补偿光束 1 因在 G_1 板中往返两次所多走的光程，使干涉仪对不同波长的光同时满足等光程的要求。

3. 读数方法

M_1 的位置及移动的距离可从装在台面 3 左侧的毫米标尺 17、读数窗 9、微动鼓轮 13 上读出。手轮 11 分为 100 分格，它每转 1 周，精密丝杆移动 1mm，即它每转过 1 分格，M_1 就平移 0.01mm（由读数窗读出）。微动鼓轮 13 每转 1 周，手轮 11 随之转过 1 分格，微动鼓轮又分为 100 分格，因此它转过 1 格，M_1 平移 0.0001mm，并估读到 10^{-5} mm 位。如图 2 所示，图中示数为 55.13878mm。

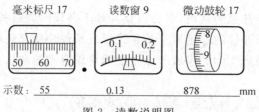

图 2　读数说明图

【实验原理】

1. 非定域条纹的形成

迈克耳孙干涉仪可用面光源照射,也可用强度足够大的点光源照射。用点光源照射时,其光路图如图 3 所示。从点光源发出的一束光,在分束镜 G_1 的半反射面 M 上被分成反射光束 1 和透射光束 2,两束光的光强近似相等。光束 1 射出 G_1 后投向 M_1 镜,反射回来再穿过 G_1;光束 2 经过 G_2 投向 M_2 镜,反射回来再经过 G_2,在膜 M 上反射。于是,1、2 两束光在空间相遇并产生干涉。将毛玻璃屏 E 置于两束光相遇的空间即可看到干涉条纹,因此这种干涉条纹不只是出现在空间的某一特定区域,故称之为非定域条纹。

图 3 的等效光路如图 4 所示。观察者自 O 点向 M_1 镜看去,除直接看到 M_1 镜和经 M_1 镜反射的点光源 S 的像 S_1 外,还可看到 M_2 镜经 M 膜反射的像 M_2' 及光源 S 经 M_2 和 M 膜反射的像 S_2。这样,图 4 中的两束光就相当于由两个虚光源 S_1、S_2 发出的两束光。当观察屏 E 垂直于 S_1S_2 连线放置时,屏上呈现一组同心干涉圆环,如图 5 所示;若 E 不严格与 S_1S_2 连线垂直,则屏上会出现椭圆的干涉图样。

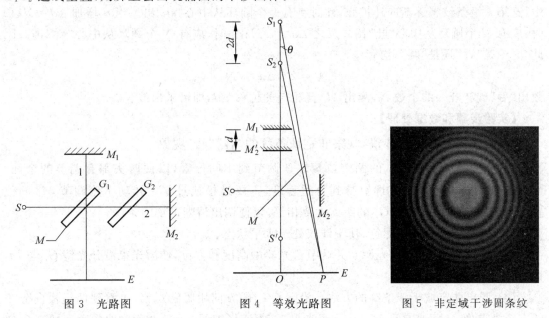

图 3 光路图 　　图 4 等效光路图 　　图 5 非定域干涉圆条纹

若在实验时大气压强下空气的折射率为 n_0,则由 S_1、S_2 到毛玻璃屏上的任一点 P 的两束光程差为

$$\delta = n_0(S_2P - S_1P)$$

设 M_2' 与 M_1 相距为 d,则 S_2 与 S_1 相距为 $2d$。若毛玻璃屏面与 S_1S_2 连线互相垂直,且 $OP \perp S_1P$,则由图 4 知,

$$\delta = 2n_0 d \cos\theta$$

在通常大气压强下,$n_0 \approx 1$,故上式可写成

$$\delta = 2d\cos\theta$$

由此可知,干涉条纹的明暗条件为

$$\delta = 2d\cos\theta = \begin{cases} k\lambda, & k = 0, \pm 1, \pm 2, \cdots \quad \text{明纹} \\ (2k+1)\lambda/2, & k = 0, \pm 1, \pm 2, \cdots \quad \text{暗纹} \end{cases} \quad (1)$$

对于一定的 d，在毛玻璃屏上与同一 θ 相对应的各点处两束光的光程差相等，这些点将形成以 O 点为中心的圆形干涉条纹。θ 越小，k 越大，因而中心处条纹级次最高，离中心越远处，条纹级次越低；相邻两明（或暗）纹的角距离为 $\Delta\theta=\lambda/(2d\sin\theta)$，故 θ 越大，$\Delta\theta$ 越小，因而离中心越远处条纹越密。

当 d 变化时，与第 k 级条纹对应的 θ_k 将随之变化。若 d 增大，则 θ_k 增大，第 k 级条纹向外扩张，此时在毛玻璃屏上就会看到圆形条纹一个个从中心"吐"出；反之，将看到圆形条纹一个个从中心"吞"进。

2. 单色光波长的测量

在 O 点处 $\theta=0$，干涉条纹明暗条件为

$$\delta = 2d = \begin{cases} k\lambda, & k=0,\pm 1,\pm 2,\cdots \quad \text{明纹} \\ (2k+1)\lambda/2, & k=0,\pm 1,\pm 2,\cdots \quad \text{暗纹} \end{cases} \tag{2}$$

当 d 增加 $\Delta d=\lambda/2$ 时，中心处的条纹级次将由第 k 级变为第 $k+1$ 级，而且在变化的过程中，这第 k 级条纹将逐渐向外扩张，此时将有一个圆环从中心"吐"出。当 d 增加 $\Delta d=N\lambda/2$ 时，应有 N 个圆环从中心"吐"出。反之 $\Delta d=-N\lambda/2$ 时，应有 N 个圆环从中心"吞"进。因此，无论是"吞"还是"吐"，均有

$$\lambda = 2|\Delta d|/N \tag{3}$$

数出"吞"（或"吐"）的个数 N，测出 M_1 镜相应的位移 Δd，即可求出波长 λ。

【实验步骤和数据处理】

1. 调整迈克耳孙干涉仪，观察非定域条纹的"吞""吐"现象

（1）把固定反射镜 M_2 的两个拉簧螺丝调节到中间位置，以便两头都有调节的余地。M_1、M_2 镜背面的三个调节螺钉拧到合适程度，不要过松或过紧。转动手轮调节 M_1 的位置，使 M_1、M_2 镜与分束镜 G_1 的距离大致相等，以便调出清晰可辨的条纹。

（2）调节干涉仪底座螺钉，使干涉仪处于水平状态。

（3）打开激光光源（点光源），并调节激光器的高度和方位，使激光束沿分光镜 G_1 与 M_2 镜的连线入射到分光镜上。

（4）调出非定域干涉条纹的方法。沿着 OG_1 的方向用眼睛观察，可看到两组横向分布的三个光点像，一组来自于 M_1，另一组来自于 M_2。仔细调节 M_2 背面的两颗微调螺钉 6，使两排光点严格重合，此时 M_1 与 M_2 垂直。放上毛玻璃屏 E，在毛玻璃屏上就可看到非定域干涉圆条纹。此后，仔细调节 M_2 镜台下面的两个拉簧螺丝，使条纹圆心出现在毛玻璃屏中央。

（5）沿单一方向缓缓转动微动鼓轮就会在毛玻璃屏上看到圆形条纹的"吞""吐"现象。当中心处由最暗经最明再到最暗时，就"吞"进或"吐"出一个圆形条纹。在转动微动鼓轮的同时，默数条纹"吞"或"吐"的个数，在熟悉后即可开始测量。

2. 测量氦氖激光的波长

（1）调整微动鼓轮的零点。当转动微动鼓轮时，手轮将随之转动，而在转动手轮时，微动鼓轮并不随之转动。为使两轮计数协调，须对它们作如下调整：将微动鼓轮沿某一方向（如顺时针方向）转动使指示线对准零刻度，然后以同一方向转动手轮使读数窗中的指示线对准某一刻度。在以后的测量中只允许使用微动鼓轮并且沿上述同一方向转动，以避免空程差。

(2) 测量 M_1 镜的位移 $|\Delta d|$。沿上述同一转动方向转动微动鼓轮,并看到条纹"吞"或"吐"现象后,将条纹中心处调至最暗,并记下此时 M_1 镜的位置,此位置即为吞(吐)个数为 0 时的 d 值。然后,再缓缓转动微动鼓轮,准确数出条纹"吞"进(或"吐"出)的个数,每"吞"进(或"吐"出)50 个就读记一次 M_1 镜的位置坐标,直至"吞"进(或"吐"出)350 个。将测到的位置坐标分为两组,用 d_i 和 d_{i+4}($i=1,2,3,4$)表示,填入表 1。

表 1 测量氦氖激光波长的数据表格

i	吞(吐)个数	d_i/mm	i	吞(吐)个数	d_{i+4}/mm	$|\Delta d|=|d_{i+4}-d_i|$/mm
1	0		5	200		
2	50		6	250		
3	100		7	300		
4	150		8	350		

(3) 计算波长 λ 和 Δ_λ。先计算每"吞"(或"吐")200 个条纹 M_1 镜位移的平均值 $\overline{|\Delta d|}$,再按式(3)算出波长的平均值 $\bar\lambda$。根据 $\Delta_{\Delta d,A} = 1.59\sqrt{\left(\sum_i(\Delta d_i - \overline{\Delta d})\right)/3}$,$\Delta_{\Delta d,B} = 1.0\times 10^{-4}$ mm 计算出 $\Delta_{\Delta d}$;然后根据 $\Delta_\lambda/\lambda = \sqrt{(\Delta_{\Delta d}/\Delta d)^2 + (\Delta_N/N)^2}$,其中取 $\Delta_N = 0.2$ 计算出 Δ_λ,并写出测量结果表达式。

【注意事项】
1. 点燃激光管需要用几千伏直流高压,调节时不要碰到激光管的电极上,以免触电。
2. 激光属于强光,会灼伤眼睛,所以不要让激光直接射入眼睛。
3. 本实验应在无振动条件下进行,在测量过程中,实验人员不能在室内走动,且不可震动桌子和仪器,一旦由于震动使干涉仪图样跳动,应重新测量。
4. 在调整仪器和测量过程中,千万不要用手触摸光学镜面,也不要用私人眼镜布等擦拭,在调整仪器的过程中尽量避免正对光学仪器呼吸。
5. 数条纹过程中,应认真仔细,切勿急躁。

【预习思考题】
1. 利用迈克耳孙干涉仪测量单色光的波长时,如何改变两束光的光程差?
2. 在测量之前为何要调整微动鼓轮的零点?如何"调零"?
3. 在测量过程中如何避免空程差?
4. 如何正确判断条纹"吞"(或"吐")的个数?
5. 条纹中心每"吞"进(或"吐"出)一个圆形条纹,在 O 处相遇的两束相干光光程差的改变量是多少?

【分析讨论题】
1. 在测量激光波长过程中,导致误差的主要因素有哪些?
2. 如何利用迈克耳孙干涉仪实现等倾干涉和等厚干涉?

附录:利用迈克耳孙干涉仪测量空气折射率

调节迈克耳孙干涉仪产生非定域干涉圆条纹后,使 M_1,M_2 移远大约 L 距离,并在分束镜 G_1 和镜 M_1 之间在丝杆上方放置一个长度为 L,气压可调的气室(气室两端用两块平行玻璃密封),如图 6 所示。当气室内压强由 p 降到零时,折射率由 n 变到 1。相应地,在观察屏上圆形条纹的中心处,两束光的光程差将随之发生 $\Delta d=2L(n-1)$ 的变化,引起干涉条纹"吞"进或"吐"出 m 级,则应有

$$2L(n-1)=m\lambda$$

由此得

$$n-1=m\lambda/(2L) \qquad (4)$$

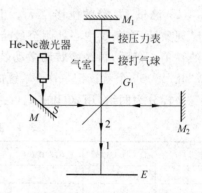

图 6 用迈克耳孙干涉仪测空气折射率

数出 m 即可测得 n。但在实际测量中,气室内的压强不可能抽到零。m 也就不可能直接数出。m 的数值应采用下面的测量方法才能得到。

理论和实验都已证实,气体折射率的改变量和单位体积内粒子个数的改变量成正比。对有确定成分的干燥空气来说,单位体积内的粒子数与密度 ρ 成正比,于是有

$$\frac{n-1}{n_0-1}=\frac{\rho}{\rho_0}$$

式中,ρ_0 是空气在标准状态($T_0=273K$,p_0 为一个标准大气压)下的密度;n_0 是在相应状态下的折射率;n 和 ρ 是对应于任意温度 T 和压强 p 下的折射率和密度。由气体的状态方程可知,

$$\frac{\rho}{\rho_0}=\frac{pT_0}{p_0T}=\frac{n-1}{n_0-1}$$

因此,在一定的温度下,$n-1$ 与 p 成正比,即

$$n-1=ap \qquad (5)$$

式中,$a=T_0(n_0-1)/p_0T$。如果气室内的压强改变了 $|\Delta p|$,则折射率将随之改变 Δn,在观察屏上圆形条纹中心处级次也将随之改变 Δm。由式(4)和式(5)可知,

$$a=\Delta m\cdot\lambda/(2L|\Delta p|),\quad m=\Delta m\cdot p/|\Delta p|$$

于是有

$$n=1+\frac{\lambda\Delta m}{2L|\Delta p|}p \qquad (6)$$

即为测量空气折射率所用的公式。此式表明,在保持空气温度不变的条件下,根据测出气室压强的改变量 $|\Delta p|$ 和相应的条纹中心处级次的变化量 Δm,可求得温度为 T,压强为 P 时空气的折射率 n,而气室内的压强不必降到零。

【测量空气折射率的步骤】

(1) 将迈克耳孙干涉仪调整到位后,按图 6 安置数显空气折射率测量仪(其中数字表可测气室内压强 p 与大气压强 p_0 之差,即数字表指示值 $P=p-p_0$,且有 $\Delta P=\Delta p$)。

(2) 测量每"吞"进(或"吐"出)45 个条纹气室内压强的变化量 $|\Delta p|$。先给气室充气使气室内压强与大气压强之差大于 0.09MPa(即 $P>0.09MPa$),读出数值表的数值 P_1。然后微调阀门慢慢放气,此时在观察屏上将会看到圆形条纹的"吞"进或"吐"出。每"吞"进(或"吐"出)15 个条纹就读记一次 P 值,直至"吞"进(或"吐"出)75 个。将测得 P 值分成两组,用 P_i 和 P_{i+3}($i=1,2,3$)表示。将与 P_i 相对应的 m 也分为两组,用 m_i 和 m_{i+3}($i=1,2,3$)表

示,并取 $m_i=(i-1)\times15$。分好后逐一填入表 2,并用逐差法计算 $|\Delta P|$。表 2 所附 P_b 为测量结束时的大气压强。

表 2　测量空气折射率数据表格

i	m_i	P_i	$i+3$	m_{i+3}	P_{i+3}	$\|\Delta p\|=\|P_{i+3}-P_i\|$
1	0		4	45		
2	15		5	60		
3	30		6	75		

注：$P_b=$ _____ Pa。

(3) 计算空气的折射率 n。先计算每"吞"进(或"吐"出)45 个圆形条纹(即 $\Delta m=m_{i+3}-m_i=45$)气室内压强变化量的平均值 $\overline{|\Delta p|}$,然后按式(6)计算在实验时的室温和大气压强 P_b 下的空气折射率 n 及 Δ_n,并给出 n 的测量结果表达式。在计算 Δ_n 时,取 $\Delta_{\Delta m}=0.2$,Δ_l 和 Δ_{P_b} 由实验室给出。

实验 14　等厚干涉——牛顿环测透镜曲率半径

等厚干涉是用分振幅的方法,在薄膜上下表面反射光发生干涉形成明暗条纹,因为同一干涉条纹对应的薄膜厚度相同,所以称为等厚干涉。牛顿环是牛顿于 1675 年首先发现的,是一种典型的等厚干涉,可以用来检验一些光学元件的平整度、光洁度；也可以用来测定透镜的曲率半径或测量单色光的波长等。

【实验目的】
1. 观察等厚干涉现象,加深对光的波动性的认识；
2. 学会用牛顿环装置测透镜曲率半径；
3. 掌握读数显微镜使用方法；
4. 学习用逐差法处理实验数据。

【实验仪器】
读数显微镜；牛顿环装置；钠光灯($\lambda=589.3$nm)。

【实验原理】
牛顿环是由一个曲率半径很大的平凸透镜 A 和平板玻璃 B 组成的,平凸透镜 A 的凸面向下,如图 1(a)所示。A、B 两者之间空气薄膜厚度 e,从中心向外逐渐增大,当平行单色光近乎垂直入射时,局部光路如图 1(b)所示。光线在空气薄膜上下表面发生两次反射并在上表面发生干涉。由于平凸透镜关于通过球面顶点的直径呈轴对称分布,故空气薄膜的任一厚度也满足轴对称,形成的条纹为以接触点为中心的一系列明暗相间的圆环,即牛顿环(见图 2)。

设平凸透镜的曲率半径为 R,某一环形条纹对应的空气薄膜厚度为 e,环形条纹自身半径为 r,则满足

$$R^2=(R-e)^2+r^2=R^2-2Re+e^2+r^2 \tag{1}$$

因为 $R\gg e$,所以 e^2 可略去,故有 $e=\dfrac{r^2}{2R}$。

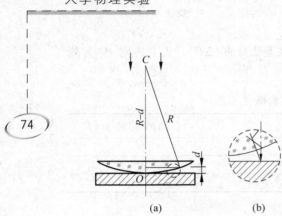
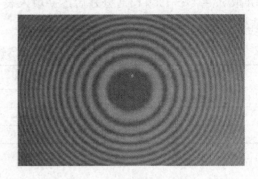

图1 牛顿环示意图　　　　　图2 牛顿环干涉图像

当波长为 λ 的光线垂直地入射时,上下表面反射光的光程差为

$$\delta = 2e + \frac{\lambda}{2} \tag{2}$$

式中,$\lambda/2$ 是因为光线在平面玻璃上反射时引起的附加光程差,即通常所说的半波损失。当光程差满足

$$\delta = (2k+1)\frac{\lambda}{2} \quad (k=0,1,2,3,\cdots) \tag{3}$$

时,两反射光干涉相消,因此第 k 级暗环的半径为

$$r_k = \sqrt{kR\lambda} \tag{4}$$

测出暗环半径就能计算球面的曲率半径 R。

但由于两接触镜面之间难免附着尘埃,并且在接触时难免发生弹性形变,因而接触处不可能是一个几何点,而是一个圆斑,且明暗状态不确定。接近圆心处环纹比较模糊和粗阔,以致难以确切判定环纹的干涉级数 k,即干涉环纹的级数和序数不一定一致。这样,如果只测量一个环纹的半径,计算结果可能有较大的误差。直接利用式(4)进行计算是不可行的。为了减少误差,提高测量精度,必须测量距中心较远的、比较清晰的两个环纹的半径,例如测量出第 m 个和第 n 个暗环(或亮环)的半径(这里 m、n 均为暗环序数,不一定是干涉级数),因而式(4)应修正为

$$\begin{cases} r_m^2 = (m+i)R\lambda \\ r_n^2 = (n+i)R\lambda \\ r_m^2 - r_n^2 = (m-n)R\lambda \end{cases} \tag{5}$$

i 为干涉级数修正项,可以不求出确切值,且 i 不影响结果。由式(5)可以看出。测量两个暗环的半径和相应的序数即可求出球面的曲率半径 R。考虑干涉图像中间圆斑的圆心无法确定,因此无法确定圆环半径 r,改为测量直径 D,因此式(5)中最后一式改为

$$D_m^2 - D_n^2 = 4(m-n)R\lambda \tag{6}$$

直径 D 的测量可以通过平行线与圆环相切的方法进行,另外,通过简单的几何学推导(参考图3),可以证明直径的平方差等于弦的平方差,即

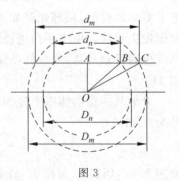

图3

$$D_m^2 - D_n^2 = L_m^2 - L_n^2 = 4(m-n)R\lambda \tag{7}$$

最终，曲率半径 R 计算公式为

$$R = \frac{L_m^2 - L_n^2}{4(m-n)\lambda} \tag{8}$$

【实验步骤】

1. 取出牛顿环装置，其结构如图 4 所示，轻微转动牛顿环仪圆形框架上面的三个调节螺钉，使接触点大致位于圆形框架的中心（注意：不要将这三个螺钉拧紧，以免透镜和玻璃破裂）。

2. 将调整好的牛顿环装置放在读数显微镜平台上，如图 5 所示。点燃钠光灯（使用说明书见附录），调节读数显微镜底部半反射镜的倾斜度和方向，使钠黄光充满整个显微镜视场。

图 4

图 5

3. 调节读数显微镜的目镜看清十字叉丝，然后调节显微镜筒从最低处开始向上缓慢调节（注意：避免碰伤物镜和牛顿环装置），对干涉圆环调焦，并使叉丝和圆环像之间无视差。

4. 将读数显微镜筒调到主尺中间，同时平移牛顿环装置，使叉丝交点大致位于牛顿环条纹中心，待测的各环左右都清晰地出现在显微镜的读数范围内。

5. 转动读数鼓轮，从中心向左侧移动显微镜，同时数出叉丝扫过的暗环数。数到第 55 环后，逆转向右移动，使叉丝交点依次对准各暗环的中央，并且从第 50 环开始记录位置 x_m，记入表 1 中，记录顺序为左 50 环至左 46 环，左 45 环至左 26 环不记录位置，从左 25 环开始继续记录，到左 21 环；接着记录右 21 环到右 25 环，右 46 环到右 50 环的位置。共计 20 个数据。

表1

m		50	49	48	47	46
x_m/mm	左					
	右					
L_m/mm						
L_m^2/mm²						
n		25	24	23	22	21
x_n/mm	左					
	右					
L_n/mm						
L_n^2/mm²						
$L_m^2-L_n^2$/mm²						
$\overline{L_m^2-L_n^2}$/mm²						
$\Delta(L_m^2-L_n^2)$/mm²						

【数据处理】

1. 计算各环的弦长 L_m 和 L_n；
2. 取 $m-n=25$，用逐差法计算 $L_m^2-L_n^2$；
3. 由 $\overline{R}=\dfrac{\overline{L_m^2-L_n^2}}{4(m-n)\lambda}$ 计算 $\overline{R}$ 及 Δ_R（Δ_m 和 Δ_n 可取 0.1），写出 R 的测量结果表达式。

【注意事项】

1. 实验操作整个过程要保持安静和动作轻缓；
2. 只有观察视场亮度时，可以使用鼓轮上的把手，实际测量时，控制转动速度，不可使用把手；
3. 在数叉丝扫过的暗环数时容易出错，要慢速仔细，如果不能确认，立即重新进行实验，不可心存侥幸；
4. 在测量弦长时，要尽可能使叉丝交叉点对准条纹中央，以减少测量结果的不确定度；
5. 在测量弦长的过程中，鼓轮不可倒转，以免出现空程差；
6. 记录数据的顺序和数据在表格中的位置容易出错，事先思考清楚。

【预习思考题】

1. 为什么牛顿环条纹疏密情况不均匀？
2. 如果视场中的图像一侧明亮，另一侧偏暗，这是什么原因？应该如何调整？
3. 干涉级数修正项 i 是否可以测出来？如何进行？
4. 为什么选择 21~25 环，46~50 环测量？是否可以选择 11~15 环？有什么优劣？

【分析讨论题】

1. 请证明牛顿环的直径平方差等于弦的平方差，即 $D_m^2-D_n^2=L_m^2-L_n^2$。
2. 若牛顿环装置从上表面观察和从下表面观察有什么不同？
3. 在测量曲率半径 R 的过程中，导致测量误差的因素有哪些？哪个因素的影响较大？如何改进？

【设计实验】

利用劈尖干涉现象测量头发直径。

附录：钠光灯

钠蒸气放电时，发出的光在可见光范围内有两条强谱线，5890Å 和 5896Å，通常称为钠双线。因两条谱线很接近，实验中可以认为是较好的单色光源。通常取 5893Å 作为该单色光源的波长。使用钠光灯时应注意：

1. 钠光灯必须与扼流圈串接起来使用，否则即被烧毁。
2. 灯点燃后，需要等待一段时间才能正常使用（起燃时间约 5~6min），又因为忽燃忽熄容易损坏，故点燃后就不要轻易熄灭它。另一方面，在正常使用时也有一定的消耗，使用寿命只有 500h 左右，因此注意节省使用时间，尽量集中使用。
3. 在钠光灯工作时不可撞击或振动，否则灼热的灯丝容易震坏。

实验 15　分光计的调整及应用

分光计又称测角仪，是一种精确测量出射光相对于入射光偏转角度的一种仪器。可用来测量折射率、色散率、光栅常数以及入射光波长等。同时，分光计也是构成摄谱仪、单色仪等光谱分析仪器的核心部件。掌握其原理与使用方法，能够为今后使用其他光谱仪器打下良好的基础。分光计装置的结构较精密及复杂，测量精度要求也高。因此，使用分光计时必须了解其基本结构和测量方法，严格按调节要求和步骤进行操作，才能得到较高精度的测量结果。

【实验目的】
1. 了解分光计的原理与构造；
2. 熟悉分光计的调节和使用方法；
3. 观察光栅衍射光谱，测量汞灯光谱线的波长。

【实验仪器】
本次实验用到的仪器包括：分光计、平行平面镜、透射光栅与低压汞灯等。

图 1　分光计实验装置主要部件实物图

【实验原理】
若以单色平行光垂直入射到光栅，则由光栅衍射理论可知，衍射光谱中明条纹的位置由下式决定：

$$(a+b)\sin\varphi_k = d\sin\varphi_k = \pm k\lambda$$

如果入射光不是单色，则由上式可知，因光波波长的不同，其衍射角度也各不相同，因此复色光将被分解，而在中央 $k=0$，$\varphi=0$ 处，各色光波仍重叠在一起，形成中央明条纹。在中央明条纹两侧对称的分布 $k=1,2,3,\cdots$ 级光谱，各级光谱线都按波长大小顺序依次排列成一组彩色谱线，这样就把复色光分解为单色光。如果已知光栅常数，用分光计测出 k 级谱线中某一级明条纹的衍射角 φ，即可计算出明条纹所对应的单色光入射光波长 λ。

要测准出射光相对于入射光的偏转角度，必须满足两个条件：①入射光与出射光均为平行光束；②入射光与出射光的方向都与分光计的刻度盘平行。为此，分光计上装有能产生平行光的平行光管，能接受平行光的望远镜，以及能承载光学元件的小平台；这三者的方位都能利用各自的调节螺钉作适当的调整。为了测出衍射角度，还配有与望远镜连接在一起的刻度盘。

分光计的结构如图 2 所示。

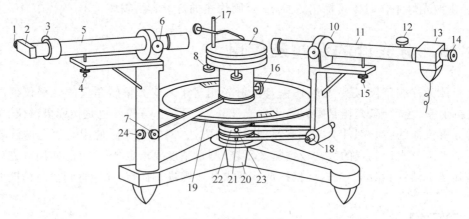

图 2　分光计的结构

1—狭缝宽度调节螺钉；2—狭缝体；3—狭缝体锁紧螺钉；4—狭缝体高低调节螺钉；5—平行光管；6—平行光管水平调节螺钉；7—游标盘微调螺钉；8—小平台调节螺钉；9—小平台；10—望远镜水平调节螺钉；11—望远镜；12—目镜锁紧螺钉；13—阿贝式自准望远镜目镜；14—目镜视度调节螺钉；15—望远镜光轴高低调节螺钉；16—小平台锁紧螺钉；17—弹簧片；18—望远镜微调螺钉；19—度盘；20—底座；21—望远镜止动螺钉；22—制动架；23—度盘止动螺钉；24—游标盘止动螺钉

1. 望远镜

分光计中采用的是自准望远镜。它由物镜、叉丝分划板和目镜组成，分装在三个套管内，彼此可以相对滑动以便调节，如图 3 所示。中间的一个套筒里装有一块分划板，它上面刻有"キ"形叉丝，分划板下方与小棱镜的一个直角面紧贴着，在这个直角面的不透明薄膜上刻有一个透光的小十字窗口。套筒上正对棱镜的另一直角面处开有小孔并装一小灯。小灯的光进入小孔后经小棱镜照亮小十字窗口。如果小十字窗口平面正好处在物镜的焦平面上，从小十字窗口发出的光经物镜后将成一平行光束。如果前方有一平面镜将这束平行光反射回来，再经物镜成像于焦平面上，那么从目镜中可以同时看到"キ"形叉丝与小十字窗口的明亮的反射像（简称亮十字），并且不应有视差。此时，望远镜就适合于观察平行光了。如果望远镜光轴与平面镜的法线平行，在目镜里看到的亮十字应与"キ"形叉丝的上交点相重合（为什么？）。

2. 平行光管

平行光管由狭缝和透镜组成，结构如图 4 所示。狭缝和透镜之间的距离可以通过伸缩

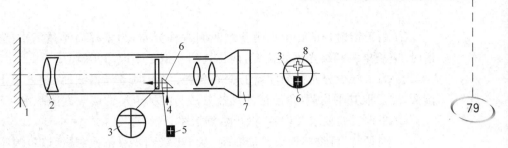

图 3　一种自准望远镜的结构

1—平面镜；2—物镜；3—干形分划板；4—入射光；5—小十字窗口；6—小棱镜；7—目镜；8—十字反射像

狭缝套筒来调节。只要将狭缝调到透镜的焦平面上，从狭缝发出的光经透镜后就成为平行光。

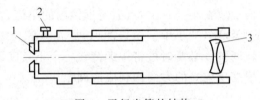

图 4　平行光管的结构

1—狭缝；2—调缝宽螺钉；3—凸透镜

3. 刻度盘

分光计的刻度盘垂直于分光计主轴并且可以绕主轴转动。为了消除刻度盘的偏心差，采用两个相差 180°的游标读数（参看附录）。刻度盘的分度值为 0.5°，0.5°以下需用游标来读数。游标上的 30 格与刻度盘的 29 格相等，故游标的最小分度值为 1 分。读数时应先看游标零刻度线所指的位置，再看游标上与刻度盘相互对齐的刻线，然后得出正确的数值。例如，图 5 所示情形为 334°30′稍多一点，而游标上的第 17 格恰好与刻度盘上的某一刻线对齐，因此，读数为 334°30′+17′=334°47′。

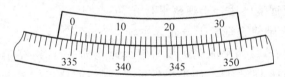

图 5　刻度盘与游标

【实验步骤】

调节前，应对照实物与结构图熟悉仪器，并了解各调节螺钉的作用及操作方法。调节时要先粗调再细调。

目测粗调：通过调节望远镜和平行光管的倾斜度调节螺钉，载物台下的三个调节螺钉，目视观察，使它们大致垂直于旋转主轴。粗调是凭眼睛观察判断，调节望远镜和平行光管的光轴及小平台，尽量使它们与刻度盘平行（即与主轴垂直）。

实验步骤如下：

（1）调整分光计的工作状态，使其满足测量条件。

（2）利用光栅衍射测量汞灯在可见光范围内几条谱线的波长。

① 由于衍射光谱在中央明条纹两侧对称分布,为了提高测量的准确性,测量第 k 级光谱时,应测出级和级光谱线位置,两位置的差值之半即为实验时 $k=1$。

② 为了减少分光计刻度盘的偏心误差,测量每条光谱线时,刻度盘上的两个游标都要读数,然后取其平均值(角游标的读数方法与游标卡尺的读数方法基本一致)。

③ 根据实验要求及内容,做出数据表格。

④ 测量时,可将望远镜置最右端,从 -1 级到 1 级依次测量,以免漏测数据。

仪器细调可按以下步骤进行。

1. 调节望远镜

(1) 调节望远镜使它适合于观察平行光

首先,调节目镜与叉丝的距离,看清"キ"形叉丝。

然后,参照图 6 将平面镜放在小平台上,点亮望远镜内的小灯,缓慢转动小平台,从望远镜中找到镜面反射回来的亮十字(即小十字窗口的像)或相应的光斑。若找不到,多半原因是粗调未达到要求,应重新调整。必要时可将望远镜转一个小角度,从望远镜外找到平面镜反射回来的亮十字,并且根据反射光的方向作相应的调整。

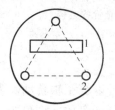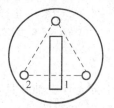

图 6　平面镜在小平台上的位置

1—平面镜；2—调水平螺钉

找到亮十字或相应的光斑后,只要稍微调节阿贝自准目镜,改变小十字窗口到物镜间的距离,就可以从目镜中看到比较清晰的亮十字。当亮十字与"キ"形叉丝间无视差时(为什么要求无视差?),则望远镜已适合于观察平行光。

(2) 调节望远镜光轴使它垂直于分光计主轴

仍借助于平面镜调节。当平面镜法线与望远镜光轴平行时,亮十字与"キ"形叉丝的上交点重合,将小平台转动 180°之后,如果仍然重合,则说明望远镜光轴已垂直于分光计主轴了。开始时,它们往往不重合,需要仔细调节才能实现。最简单的调节方法是渐近法。即先调节小平台下的螺钉使亮十字与"キ"形叉丝上交点之间的上下距离减小一半,再调节望远镜的调水平螺钉使亮十字与"キ"形叉丝上交点重合,然后转动平台 180°进行同样调节,反复几次便可调好。

2. 调节平行光管

(1) 调节平行光管使它产生平行光

点燃低压汞灯,用已适合观察平行光的望远镜作为标准,正对平行光管观察。调节狭缝和透镜间的距离,使狭缝逼近透镜的焦平面,直至从望远镜中看到一清晰的狭缝像,且狭缝像与"キ"形叉丝间无视差。此时平行光管发出的光即是平行光。此后,调节狭缝宽度,使狭缝像宽度约等于 0.5mm。

(2) 调节平行光管的光轴使它垂直于分光计主轴

仍用光轴已垂直于分光计主轴的望远镜为标准,先转动狭缝使狭缝像与"丰"形叉丝的竖线平行,再调节平行光管的调水平螺钉,使狭缝像被"丰"形叉丝的下横线等分,然后调节平行光管水平方位,使"丰"形叉丝竖线对准狭缝像的中点即可。

【注意事项】

1. 光学仪器的镜头、镜面等部分,不能用手摸、擦。必要时应用专用纸轻轻擦拭,平面镜要轻拿轻放,以免打碎。

2. 望远镜和游标盘,在制动螺钉拧紧的情况下,不能生扳硬转,以免磨损仪器转轴。

3. 狭缝的刀口是经过精密研磨制成的,为避免损伤,只有在望远镜中看到狭缝的情况下才能调节狭缝的宽度。

【预习思考题】

1. 分光计由哪几部分组成?

2. 分光计的调整要求是什么?

3. 转动小平台时,如果在望远镜中看不到由镜面反射的亮十字,原因是什么?应如何调节?

4. 使亮十字与"丰"形叉丝上交点重合用什么方法?

5. 如何使平行光管产生平行光?

【分析讨论题】

1. 为什么采用左右两个游标读数?左右游标在安装位置上有何要求?

2. 分光计为什么要调整到望远镜光轴与仪器主轴正交?不正交对测量结果有何影响?

3. 分光计为什么要调整到平行光管光轴与仪器主轴正交?不正交对测量结果有何影响?

4. 当用钠光(波长 $\lambda=589.0$ nm)垂直入射到 1mm 内有 500 条刻痕的平面透射光栅时,试问最多能看到第几级光谱?请说明理由。

5. 当狭缝太宽或太窄时,将会出现什么现象?原因是什么?

附录:圆刻度盘的偏心差

用圆(刻)度盘测量角度时,为了消除偏心差,必须由相差 180°的两个游标分别读数。我们知道,圆度盘是绕仪器主轴转动的,由于仪器制造时不容易做到圆度盘中心准确无误地与主轴重合,这就不可避免地会产生偏心差。圆度盘上的刻度均匀地刻在圆周上,当圆度盘中心与主轴重合时,由相差 180°的两个游标读出的转角刻度数值相等。而当圆度盘偏心时,由两个游标读出的转角刻度就不相等了;所以如果只用一个游标读数就会出现系统误差。如图 7 所示,用 $\overrightarrow{AB}$ 的刻度读数,则偏大,用 $\overrightarrow{A'B'}$ 的刻度读数,则又偏小。由平面几何容易证明

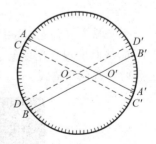

图 7 圆刻度盘的偏心差

$$\frac{1}{2}(\overrightarrow{AB}+\overrightarrow{A'B'})=\overrightarrow{CD}=\overrightarrow{C'D'}$$

亦即由两个相差 180°的游标上读出的转角刻度数值的平均就是圆度盘真正的转角值。

实验 16 光栅衍射

光栅是光学中常用的一种分光元件,在光谱学、光通信和光计算等方面有着重要的应用。光栅的种类有很多,常见的有透射光栅、反射光栅、正弦光栅和黑白光栅等。本实验使用的光栅是一种透射光栅,它是在平面玻璃板表面刻画上等宽度、等间距的平行刻痕。

【实验目的】
1. 进一步掌握分光计的调整和使用。
2. 掌握光栅衍射的基本现象和基本规律。
3. 利用光栅衍射测量光栅常数和光波波长。

【实验原理】
若一束平行光垂直照射到光栅上,从狭缝透过的光会发生衍射现象。在特定方向上能观测到很细很亮的条纹,被称之为主极大,它满足光栅方程:

$$d\sin\theta = k\lambda \quad (k = 0, \pm 1, \pm 2, \cdots),$$

式中,d 为光栅常数(相邻两个刻痕之间的距离);θ 为衍射角;k 为主极大级次;λ 为入射光波长。

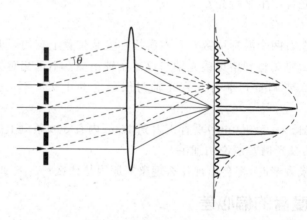

图 1 光栅衍射光谱原理图

当光源为复合光时,由光栅方程可知,在同一级次中(不包括零级)不同波长光的衍射角 θ 不同,从而出现分光现象。本实验使用低压水银灯作为照射光源,能明显观测到紫色、绿色和两条黄色光谱线。

图 2 水银灯光栅衍射主极大谱线示意图

本实验通过测量一级谱线中绿光(波长已知)的衍射角可计算出光栅常数,再通过测量一级谱线中两条黄光的衍射角可计算出两条黄光的波长。

【实验仪器】

分光计、透射光栅和低压水银灯等。

【实验步骤】

1. 调节分光计

调节平行光管,使其产生平行光;同时调节望远镜,使其能适合观测平行光,并且两者的光轴都与分光计的主轴保持垂直。

2. 调节光栅

按照图3把光栅放置在小载物台上,使平行光管和望远镜均与光栅表面垂直,进而找到光栅表面反射的亮十字,并使之出现在叉丝平面内。调节小载物台下方的螺丝钉 b_1 或 b_2,使亮十字与叉丝的上交点重合(见图4)。

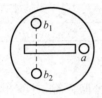
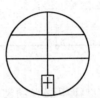

图3　光栅放置位置示意图　　　　图4　亮十字位置示意图

3. 调节谱线

转动望远镜,观测零级谱线左右两侧的一级谱线是否等高,若不等高,需要调节小载物台下方的螺丝钉 a 使两侧的一级谱线等高。再观测谱线是否被叉丝的下横线垂直平分,若不平分,需要调节平行光管水平调节螺钉使谱线被叉丝的下横线垂直平分(见图5)。

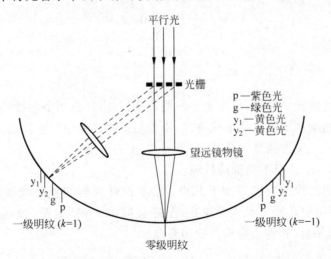

图5　分光计观测光栅衍射零级和一级光谱线示意图

4. 测量衍射角

按照表1测量一级衍射光谱中绿光和两条黄光的角位置,测量过程中要保持叉丝的下交点与谱线中心重合。然后按照表2来计算一级谱线中绿光和两条黄光的衍射角。

表 1　一级谱线绿光和两条黄光的角位置

谱线 \ 位置		左游标 $\alpha_{左}$	右游标 $\alpha_{右}$	谱线 \ 位置		左游标 $\alpha'_{左}$	右游标 $\alpha'_{右}$
$k=1$	y_1			$k=-1$	y_1		
	y_2				y_2		
	g				g		

表 2　一级谱线绿光和两条黄光的衍射角

谱线 \ 衍射角	$\theta_a=|(\alpha_{左}-\alpha'_{左})/2|$	$\theta_b=|(\alpha_{右}-\alpha'_{右})/2|$	$\theta=(\theta_a+\theta_b)/2$
y_1			
y_2			
g			

【数据处理】

1. 已知一级谱线中绿光的波长为 (5461 ± 5)Å，根据光栅方程，计算出光栅常数 d 及其不确定度 Δ_d，取谱线角位置的不确定度为 $\Delta\theta=\dfrac{\pi}{180\times60}\text{rad}=1'$。

2. 利用光栅方程计算出两条黄光的各自波长 λ_{y_1} 和 λ_{y_2}，以及它们的不确定度 $\Delta_{\lambda_{y_1}}$ 和 $\Delta_{\lambda_{y_2}}$。

3. 光栅常数 d 和波长 λ 不确定度推导公式

$$\frac{\Delta_d}{d}=\sqrt{\left(\frac{\Delta_{\lambda_g}}{\lambda_g}\right)^2+\left(\frac{1}{\tan\theta_g}\right)^2(\Delta_{\theta_g})^2}$$

$$\frac{\Delta_{\lambda_y}}{\lambda_y}=\sqrt{\left(\frac{\Delta_d}{d}\right)^2+\left(\frac{1}{\tan\theta_y}\right)^2(\Delta_{\theta_y})^2}$$

【注意事项】

1. 光栅是精密的光学元件，放置光栅时要轻拿轻放，禁止用手触摸光栅表面。
2. 测量谱线角度前要固定好小载物台，避免测量的过程中发生移动。
3. 观察两侧的一级谱线是否等高，若不等高，需要调整。
4. 使望远镜转动，注意不要推动目镜。
5. 水银灯使用过程中应注意如下几点：①水银灯发射的紫外线很强，禁止用眼睛直视；②水银灯在使用中必须与扼流圈串接，不能直接接 220V 电源，否则可能烧毁水银灯；③不要频繁启闭水银灯，否则会降低其使用寿命。

【分析讨论】

1. 为什么在零级主极大中没出现分光现象？
2. 在同一级主极大谱线中，波长较大的光应该分布在内侧，还是外侧？
3. 如果平行光管上的狭缝宽度开得较大会对实验有何影响？
4. 如果光栅的刻痕不与分光计的主轴平行会对谱线有何影响？
5. 测量 θ 时，为何用两个游标读数？

6. 如果遮挡住光栅一部分,会对谱线的位置和强度有何影响?
7. 光栅分光原理与三棱镜分光原理有何不同?

实验17 测量单缝衍射的光强分布

光在传播过程中,遇到小孔或者障碍物,改变原来的直线传播途径,绕到后面传播的现象,称为衍射,当障碍物的尺寸和波长相当时,现象比较明显,如单缝衍射、圆孔衍射、圆板衍射以及泊松亮斑。它和光的干涉都证明了光的波动性,也说明了光子的运动受到测不准关系的制约。因此研究光的单缝衍射,不仅可以加强对光的本质的认识,也是晶体分析、光谱分析、全息技术等精密测量和近现代光学技术的实验基础。

衍射使障碍物后的空间中光强重新分布,形成明暗相间的条纹或者圆环。利用硅光电池和光电二极管等光电传感元件来探测光强在空间中的相对变化情况,是近代技术中测量光强分布的常用快捷方法之一。

【实验目的】
1. 观察单缝衍射现象及其特点,加深对衍射的理解。
2. 学习利用硅光电池测量单缝衍射相对光强,掌握其分布规律。
3. 学习数字检流计的应用。

【实验仪器】
光具座、氦氖激光器、可调狭缝、小孔屏(观察屏)、用硅光电池作光电转换的一维测量装置、WJF型数字式检流计。

【实验原理】
一般把光源、衍射屏、接收屏叫做一个衍射系统,然后根据系统中三者距离的大小,可以分为近场衍射,远场衍射,也就是菲涅耳衍射和夫琅禾费衍射。本实验只研究单缝夫琅禾费衍射,即光源到衍射屏的距离和接收屏到衍射屏的距离都是无限大时的单缝衍射。实验室可用透镜对平行光的会聚作用实现各装置间的等效无限远。如图1所示。

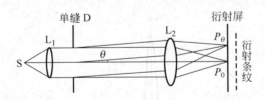

图1 夫琅禾费单缝衍射光路图

本实验使用氦氖激光器作为光源,激光具有散射角很小,很好的方向性、光束细锐、能量集中的特点,在单缝宽度很小时,可视为平行光入射。根据惠更斯-菲涅耳原理,与光轴成 θ 角的衍射光束会聚于 P_θ 处,P_θ 处的光强也就是来自狭缝上各点向 θ 方向传播的振动的干涉叠加。在平行光垂直于单缝平面入射的情况下,可以算出 P_θ 点的光强为

$$I = I_0 \frac{\sin^2 u}{u^2} \tag{1}$$

式中,$u = \dfrac{\pi a}{\lambda}\sin\varphi$。

将式(1)用相对光强表示,则有

$$\frac{I}{I_0} = \frac{\sin^2 u}{u^2} \quad (2)$$

式中,I_0 是衍射条纹中心 p_0 处的光强,λ 是入射光的波长,a 是狭缝的宽度。

(1) 当 $u=0$ 时,衍射光强有最大值。此光强对应屏幕上的 P_0 点,称为主极大。

(2) 当 $u=k\pi(k=\pm 1,\pm 2,\pm 3,\cdots)$ 时,衍射光强有极小值,即暗纹中心的条件。

(3) 除中央主极大外,两相邻暗纹之间都有一个次极大,$\dfrac{dI}{du}=0$,即 $\tan u = u$,可求出这些次极大出现在 $u=\pm 1.43\pi, \pm 2.46\pi, \pm 3.47\pi, \cdots$ 处,相对光强依次为 $\dfrac{I_\theta}{I_0}=0.047, 0.017, 0.008, 0.005, \cdots$

实验中用硅光电池作为接收器。硅光电池是一种可以把光能转化为电能的半导体器件。内部核心是面积很大的 PN 结,所以受到光照时会产生电动势和电流,也就是光产生伏特效应。在一定光照范围内,产生的光电流正比于入射光强,因此光电流的相对强度即入射光的相对强度。当光电池距离单缝的距离足够远时,从单缝发射的子波到达 P_θ 处光线认为近似平行光。

设衍射图中 P_θ 与 P_0 两点间的距离为 x,则

$$u = \frac{a\pi}{\lambda}\sin\varphi = \frac{a\pi}{\lambda}\cdot\frac{x}{l}$$

此式表明,测出了光强 I 随空间位置 x 的分布,即可得出 I 随 u 的分布,从而验证表 1 或图 2 的正确性。

表 1 各极大的 u 值及相对光强

极大的级数 k	0	1	2	3	4
u	0	1.430π	2.459π	3.470π	4.479π
I/I_0	1	0.04718	0.01694	0.00834	0.00503

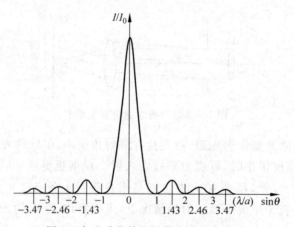

图 2 夫琅禾费单缝衍射光强分布曲线

【实验步骤】

1. 依次将激光器、单缝、小孔屏、光电池放在光具座上,使光电探头位于其测量范围的

中心。

2. 开启激光电源进行预热,等待其输出功率稳定,用移动的小孔屏将激光调至与导轨平行。

3. 打开检流计电源预热。先用黑纸遮挡光探头对检流计进行调零,再用测量线把光电探头连接到检流计的输入孔。

4. 利用小孔屏在光电池处观察衍射图样,将单缝对准激光束中心,调节光路使狭缝竖直,衍射图样沿水平方向展开,在小孔屏上形成清晰、明亮、对称的衍射图样。适当调节缝宽使得光电池移动时能测到四级暗条纹。

5. 移走小孔屏,调节使光电探头的测量中心和激光束等高。光电探头移动方向与激光束垂直。

6. 为了消除杂散光和暗电流的影响,先记录探测器暗电流和背景光引起的电流,最后每一测量值减去背景光电流,对测量数据作出修正。

7. 单向转动手轮,使光电探头从左到右逐点扫描,从设定位置 ξ_0 开始,每隔 $\Delta\xi$ 记录一组数据在表 2 中,并注意光强极大、次极大、极小的位置。

8. 用米尺测出单缝到光电探头的距离,计算单缝的宽度。

表 2

ξ/mm	$I/(\times 10\mu A)$	ξ/mm	$I/(\times 10\mu A)$	ξ/mm	$I/(\times 10\mu A)$	ξ/mm	$I/(\times 10\mu A)$
0		21.0		41.0		61.0	
1.0		22.0		42.0		62.0	
⋮		⋮		⋮		⋮	
20.0		40.0		60.0		80.0	

【数据处理】

1. 找到所记录数据的最大值附近 1cm 的点,坐标纸上作 I-ξ 曲线,求出中央主极大的光强 I_0 及相应的位置 ξ_0;

2. 计算出各点相对光强 I/I_0 及各点相对于最强点的位置坐标 $x=\xi-\xi_0$,从图中找出极大值和极小值的位置以及各极大值的相对光强。

3. 根据暗纹公式 $u=\dfrac{a\pi x_k}{(\lambda l)}=k\pi$,取 $k=2$,计算狭缝宽度 a,再由 $u=a\pi x/(\lambda l)$ 计算各极大值和极小值的位置相对应的 u 值。

4. 将各极小值和极大值对应的 u 值和相对光强分别列入表 3 和表 4 中,并与理论值进行比较,求出百分差,分析原因。

表 3 暗纹测量值与理论值的比较

暗纹级数 k	u		
	测量值	理论值	百分差
-2			
-1			
$+1$			
$+2$			

表 4 明纹测量值与理论值的比较

明纹级数 k	u			I/I_0		
	测量值	理论值	百分差	测量值	理论值	百分差
+1						
−1						

【注意事项】
1. 硅光电池由很薄的硅片制成，极脆，使用时不可用力压。
2. 单缝容易损坏，调节单缝时应缓慢，不可用力。
3. 在测量的过程中光探头的手轮要单方向转动，以免产生空程差。

【预习思考题】
1. 实现夫琅禾费衍射的条件是什么？夫琅禾费单缝衍射图样的主要特点有哪些？
2. 缝宽增加 1 倍时，衍射花样的光强和条纹的宽度将会怎样改变？
3. 单缝衍射中，影响波长的主要因素是什么？应采取什么措施？

【分析讨论题】
1. 光电池进光狭缝的宽度对实验结果有何影响？
2. 如果测出的衍射曲线对中央极大左右分布不对称，其原因是什么？怎样调整实验装置才能纠正？

实验 18 偏振光实验

著名学者托马斯·杨曾经断言，干涉与衍射是波动性的试金石。光的干涉和衍射现象揭示了光的波动性，而光的偏振现象则证实光波是一种横波。对光的偏振现象的研究使得人们对光的传播规律以及光与物质相互作用的规律有了更深刻的认识。此外，偏振光在国防、科研和生产中也有着广泛的应用，比如 3D 电影中的偏光眼镜、分析化学和工业中用的偏振仪和量糖计等。本实验将对光的偏振状态进行观察、分析和研究，以加深对光的偏振状态的理解。

【实验目的】
1. 观察光的偏振现象，认识偏振光的基本规律。
2. 掌握产生和检验偏振光的原理和方法，验证马吕斯定律。
3. 学习波片的工作原理。

【实验原理】

1. 光按偏振状态的分类

光波是一种频率处在特定范围内的电磁波，其磁场强度相对于电场强度比较微弱。因此，可以忽略磁场，仅用电场强度作为场量（也称为光矢量）来描述光场。光波的横波性就是指光矢量的振动方向垂直于光的传播方向，如图 1 所示。人们把光在与传播方向垂直的平面内的各种振动状态称为光的偏振。

如果光波的光矢量的方向不变，只是它的振幅随相位改变，光矢量的末端轨迹是一条直线，这样的光叫线偏振光（或平面偏振光）。若光矢量的大小和方向随时间作有规律的变化，其末端在垂直于传播方向的平面内的轨迹是圆或椭圆,这样的光叫圆偏振光和椭圆偏振光。图 2 示意性地给出了三种偏振光光矢量末端的轨迹。通常光源发出的光,它的光矢量的振动不只限于一个固定方向,而是在各个方向上均匀分布,这种光叫做自然光。自然光可以用两个光矢量相互垂直、相位没有关联、强度都等于自然光总强度的一半的线偏振光来代替。光波包含一切可能方向的横振动,但不同方向上的振幅不等,在两个互相垂直的方向上振幅具有最大值和最小值,这种光称为部分偏振光。自然光和部分偏振光可以看成是由许多振动方向不同的线偏振光组成。

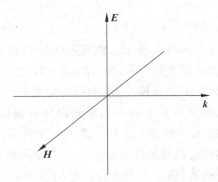
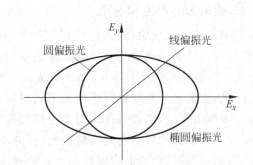

图 1　光线传播时电场强度 E,磁场强度 H,以及波矢 k 之间的关系

图 2　线偏振光、圆偏振光和椭圆偏振光光矢量末端的轨迹

偏振光的一个主要应用就是研究光波通过某个光学系统后偏振状态发生的变化来揭示该系统的一些性质。因此,本实验主要研究偏振光的起偏和检测,以及线偏光通过波片后偏振状态的变化。

2. 偏振光的获得

如果将自然光中沿某一特定方向的振动成分筛选出来,则可以得到偏振光。这一过程称为起偏,产生起偏作用的光学元件称为起偏器。偏振片是一种常见的起偏器,它是利用一些有机化合物的二向色性制成的,如将硫酸碘奎宁晶粒涂于透明薄片上并使晶粒定向排列,就可制成偏振片。它具有强烈的选择吸收性,当自然光通过偏振片时,它能吸收某方向振动的光而仅让与此方向垂直振动的光通过。因此可以用偏振片将自然光转换为线偏光。偏振片所允许通过的光振动方向称为该偏振片的偏振化方向。利用它可获得截面积较大的偏振光束,而且出射偏振光的偏振程度可达 98%。

3. 偏振态的改变

想要人为地改变光的偏振状态就需要利用偏振器件。延迟器和波片都是比较常用的偏振器件。常用的线性延迟器由双折线材料制成,它有两个相互垂直的特定方向:快轴和慢轴也称为 o 轴和 e 轴。当偏振光在延迟器中传播时,沿着这两个轴方向的偏振分量(E_o 和 E_e 如图 3 所示)具有不同速度,即有不同的折射率。这样,在传播过程中,慢轴分量相对于快轴分量将会产生相位延迟 $\Delta\varphi$。用 d 表示相位延迟器的厚度,快慢轴方向振动的线偏振光折射率分别为 n_f 和 n_s,则

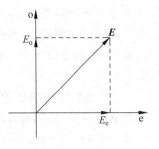

图 3　在波片中光矢量按 o 轴和 e 轴方向分解

$$\Delta\varphi = \frac{2\pi}{\lambda_0}(n_s - n_f)d = \frac{\omega}{c}(n_s - n_f)d \tag{1}$$

式中,c 和 λ_0 分别为真空中的光速和波长;ω 为光波的圆频率。

如果晶片的厚度使产生的相位差 $\Delta\varphi = \frac{1}{2}(2k+1)\pi(k=0,1,2,\cdots)$,这样的晶片称为 1/4 波片;如果晶片的厚度使产生的相位差 $\Delta\varphi = (2k+1)\pi(k=0,1,2,\cdots)$,这样的晶片称为 1/2 波片或半波片;相延 $\Delta\varphi$ 为 $2k\pi$ 的延迟器叫全波片。显然,任何波片都是对特定波长而言的,并非对所有波长都适合。

4. 偏振光的产生和鉴别

利用起偏器和检偏器,人们可以判断光的偏振态,如图 4 所示。使入射光通过检偏器(偏振片)后,检测其透射光强并转动检偏器。若出现透射光强为零的现象,则入射光必为线偏振光;若透射光强没有变化,则入射光可能为自然光或圆偏振光,或为两者的混合;若转动检偏器,透射光强有变化但不出现消光现象,则入射光可能是椭圆偏振光或部分偏振光。要进一步作出鉴别,则需要在入射光与检偏器之间插入一块 1/4 波片。若入射光是圆偏振光,则通过 1/4 波片后将变成线偏振光,转动检偏器将会出现消光现象。当 1/4 波片的慢轴(或者快轴)与被检测的椭圆偏振光的长轴或短轴平行时,透射光为线偏振光,于是转动检偏器也会出现消光现象;否则,就是部分偏振光。

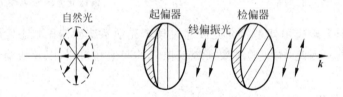

图 4 偏振光的产生和鉴别

【实验仪器】

氦氖激光器,偏振片(或尼科耳棱镜),1/4 波片,1/2 波片,光功率计,光具座、减光板等。

【实验内容与实验步骤】

1. 观察线偏振光通过检偏器后的光强变化

(1) 实验仪器如图 5 放置。先把检偏器(偏振片 P_1)和波片取下,调整半导体激光器使激光束垂直于起偏器(偏振片 P_2)入射。固定半导体激光器(激光透镜焦距教师已调好,不必动),旋转起偏器转盘,使光功率计测得的透射光的光强最强,以获得较强的线偏振光。保持起偏器 P_1 的方位不变,放上检偏器 P_2。转动检偏器 P_2 的转盘,观察光强变化,并记下光强最大时 P_2 的方位角 α_0 和光强 I'_{max}。

(2) 继续转动检偏器 P_2,每隔 15°读一次光功率计读数 I',至最大光强 I'_{max} 为止。然后用遮光罩挡住激光,测出环境背景光强 I_b,可得偏振光强 $I = I' - I_b$。

(3) 作 $I/I'_{max} - \cos^2\alpha$($\alpha$ 为 P_2 从光强最大位置转过的角度)关系图;写出 $I - \cos^2\alpha$ 的关系式;对此关系作出理论上的解释。

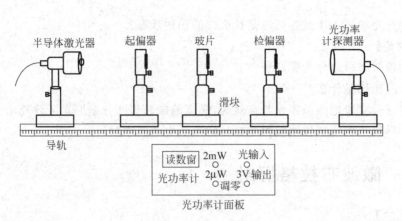

图 5 光偏振实验仪

2. 观察线偏振光通过 1/4 波片后的偏振状态

(1) 在完成操作(一)后,令激光器和 P_1 保持原状,将 P_2 转至消光方位。在 P_1 和 P_2 之间插入 1/4 波片并旋转至再次出现消光,记住此时 C 的方位角(此时 1/4 波片的快轴与慢轴已与偏振光的光矢量平行或垂直)。

(2) 旋转 1/4 波片,使其从消光位置转过角度 θ(θ 可依次取 $15°、30°、45°、60°、75°、90°$),然后缓慢转动 P_2,观察光强的变化,并将光功率计出现的极大值和极小值以及与此对应的 P_2 的方位角 α 记录下来,至 P_2 转过 $360°$ 为止。

(3) 根据观察到的光强变化,分析线偏振光通过 1/4 波片后的偏振状态。

(4) 利用检偏器 P_2 和另一块 1/4 波片 C' 分别对上述可能的偏振状态作进一步的鉴别,以确定它们的偏振状态。

3. 观察线偏振光通过 1/2 波片后的偏振状态

(1) 在完成操作(二)后,令激光器和 P_1 保持原状,撤下波片 C 和 C',将 P_2 转至消光方位。用 1/2 波片取代 1/4 波片,并使 1/2 波片的快轴(或慢轴)与入射线偏振光的光矢量平行(如何才能实现?)

(2) 旋转 1/2 波片,使它的快轴(或慢轴)与入射线偏振光的光矢量成任意角度 θ(如 $20°、45°$),然后使 P_2 缓慢转动 $360°$,同时观察转动过程中光功率计读数的变化,并据此判断线偏振光通过 1/2 波片后的偏振状态。

(3) 若从 1/2 波片出射的光线为线偏振光,则应利用 P_2 测定出射光与入射光的振动方向之间的夹角 β,找出 β 与 θ 之间的关系,并从理论上作出解释。

【注意事项】

放置各元、器件时应轻拿轻放,不能用手摸元、器件表面,以免损伤。转动偏振片和波片转盘时动作要轻缓。

【预习思考题】

1. 线偏振光、圆偏振光、椭圆偏振光、自然偏振光和部分偏振光这 5 种偏振态的特点是什么?单用一个偏振片能鉴定出哪几种偏振态?

2. 波片改变光偏振态的原理是什么?如何使波片的快轴(或慢轴)平行于入射的线偏振光的振动方向?

3. 线偏振光通过 1/4 波片后应是什么样的偏振状态?

【分析讨论】
1. 光的偏振态可以分为哪几种?
2. 波片的作用是什么?
3. 如何通过实验把圆偏振光与自然光,椭圆偏振光与部分偏振光区分开来?
4. 至少举两个例子来说明偏振光在日常生活中的应用?

实验 19 微波布拉格衍射

【实验目的】
1. 了解微波的基本知识,自搭微波干涉仪测量微波波长,进一步熟悉迈克耳孙干涉仪的测量原理。
2. 了解布拉格衍射的测量原理。
3. 了解 X 射线晶体结构分析的基本方法。

【实验基本知识及实验原理】

1. 微波的基本知识

微波一般是指波长在 1mm～1m 的电磁波,它的频率在 300～300000MHz,所以也称为"超高频"电磁波。目前通常也把波长在 0.1mm 范围内的亚毫米波归并到微波的范畴内。按照不同的波长 λ,微波通常分为"分米波段"(10cm<λ<1m),"厘米波段"(1cm<λ<10cm)和"毫米波段"(1mm<λ<1cm)。实用中也有更为狭窄的波段划分法,例如"3cm 波段","5cm 波段"等。国际上通常采用美军的分类方法,这种分类方法更为细致,并且采用一定的波段符号表示,例如"S 波段"指波长在 11.52～7.59cm 之间的微波,"X 波段"指波长在 2.42～3.66cm 之间的微波,"L 波段"指波长在 17.63～26.76cm 之间的微波,等等。与通常的无线电波相比,微波具有显著的特点,主要为:①微波波长很短,它比飞机、导弹、舰船以及建筑物的尺寸要小得多,它在传播中遇到这些物体时只发生反射,而不产生衍射现象,因而具有直线传播的特点。利用这个特点微波广泛使用在雷达系统中。②微波传输线、微波元器件以及微波测量设备的线长度与微波波长具有相同的数量级,因此由于辐射效应和趋附效应的影响,通常的无线电元器件都不能使用,实际微波线路中采用原理上完全不同的微波传输线、微波元器件以及微波测量设备等。例如实验室中微波传输采用波导管和微带线。波导管是表面抛光的金属管,按照金属管截面的形状分为矩形波导和圆形波导两类。波导管的尺寸与传输的微波波长密切相关,例如矩形波导尺寸($a \times b$)满足下列关系:$0.5\lambda < a < \lambda, 0 < b < 0.5\lambda$。考虑到波导损耗,一般取 $a \approx 0.7\lambda, b \approx 0.30 \sim 0.35\lambda$。目前对于实际使用的波段都有标准的波导截面尺寸,例如 3cm 波段的波导截面尺寸为 $10.16 \times 22.86mm^2$。③微波波段的电磁波,每个量子的能量为 $10^{-4} \sim 10^{-5}$ eV。一般顺磁性物质在电磁场作用下,能级分裂所产生的能级间的能量差值也介于 $10^{-4} \sim 10^{-5}$ eV 之间,所以电子在这些能级之间跃迁所吸收或发射的电磁波属于微波范畴,因此可以利用这一点来研究分子和原子的结构。④由于微波波长短,它可以几乎无阻碍地穿过地球上空的电离层,因此在宇宙通信、导航定位以及射电天文学等研究领域有着重要的应用,等等。

2. 干涉仪法测量微波波长原理

图 1 为迈克耳孙干涉仪的光路，微波发射口 S 发出的微波在分束板（2mm 厚的平板玻璃）G 上分为两束，一束透射射向可移动微波反射板 M_1，一束反射射向固定微波反射板 M_2，经这两个平面镜反射的两束微波形成等倾干涉条纹，干涉条纹的强度由微波接收器 R 将微波能量转换为电流强度（μA）来表征。具体如实验 13 迈克耳孙干涉仪的调整和使用。当移动平面镜 M_1 时，两束微波之间的光程差会改变，干涉条纹发生移动。从实验 13 可知，当 M_1 移动的距离 d 为半波长（$\lambda/2$）的整数倍时，干涉条纹改变一个级次，因此当干涉条纹连续改变 N 个级次时，M_1 所移动的距离为

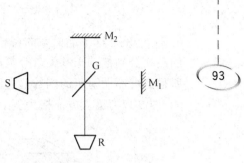

图 1　微波迈克耳孙干涉仪
S—发射口喇叭 S；G—平板玻璃；
R—接收器喇叭；M_1—可移动微波反射板；M_2—固定微波反射板

$$d = \frac{\lambda}{2}N \tag{1}$$

因此，如果测量了 d，就可通过式（2）得到微波波长。

$$\lambda = \frac{2d}{N} \tag{2}$$

3. 晶体结构的基本知识

根据组成物质的原子或分子排列的有序程度，固体可以分为三类，即晶体、非晶体和准晶体。晶体中原子排列具有长程有序的特点，即具有平移对称性，非晶体中原子排列只具有短程序，不具有平移对称性，而准晶体中原子只在某个特定方向上具有长程序，在其他方向上只有短程序。微观上原子排列的这些不同决定了晶体、非晶体和准晶体在宏观性质上的不同。例如晶体具有规则的几何外形，具有确定的熔点以及具有解理性等，而非晶体外形不规则，没有确定的熔点，没有解理性。晶体中原子的规则排列称为晶体格子，或简称为晶格。根据对称性的不同可以用 14 种布拉维格子来表征所有的晶格。一个晶格中最小的周期单元称为晶格的原胞，原胞的三个棱边可选为描述晶格的基本矢量，一般用 a_1, a_2, a_3 表示。在晶体中规则排列的原子可以看成是分列在一系列相互平行的直线系上，这些直线系称为晶列，每一个晶列定义了一个方向，称为晶向。如果从一个原子沿某个晶向到最近的原子的位移为

$$l_1 \boldsymbol{a}_1 + l_2 \boldsymbol{a}_2 + l_3 \boldsymbol{a}_3$$

则该晶向标记为 $[l_1\ l_2\ l_3]$。在晶体中规则排列的原子还可以看成是分列在一系列相互平行等距的平面系上，这些平面称为晶面。同一个格子可以有无穷多个取向不同的晶面系，通常采用密勒指数来标记不同的晶面。密勒指数的标定方法如下：任选一格点作为原点并作出沿 a_1, a_2, a_3 的轴线，顺序考察这三个轴。对第一个轴来说，晶面系中必有一个晶面通过原点，也必有一个晶面通过 $+a_1$ 或 $-a_1$ 点，假设这是从原点开始（过原点的晶面不算）的第 h_1 个晶面，由于晶面的等间距性，因此晶面系的第一个面的截距为 $\dfrac{a_1}{h_1}$，h_1 可以为正或负的整数，同样可以论证第一个面在其他两个轴上的截距为

$$\frac{a_2}{h_2} \text{ 和 } \frac{a_3}{h_3} \quad (h_2, h_3 \text{ 为整数})$$

$h_1 h_2 h_3$ 就是这个晶面系的密勒指数，标记为$(h_1\ h_2\ h_3)$。实际上 h_1, h_2, h_3 的数值表明等距的晶面分别把三个基矢量分割成多少等分。它们也是以基矢量的长度为各轴的长度单位时所得到的晶面间距的倒数值。因此如果一个晶面与某一个轴平行，截距为∞，相应的指数为 0。图 2 以简单立方晶格为例给出了三个不同的晶面。

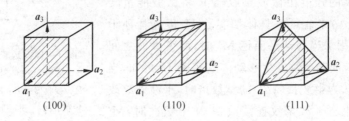

图 2　简单立方晶格的三个晶面

通过密勒指数可以得到晶面间距，例如对于晶格常数为 a 的简单立方晶格，晶面$(h_1\ h_2\ h_3)$的间距为

$$d_{h_1 h_2 h_3} = \frac{a}{\sqrt{h_1^2 + h_2^2 + h_3^2}} \tag{3}$$

4. 晶体的布拉格衍射

当一束平行的 X 射线（波长为 0.1nm 左右的电磁波）以掠射角 θ 照射到晶体上时，被照射到的每个晶体格点上的原子都可以看成是次波波源，它们向各个方向散射（衍射）电磁波。对于每一个晶面来说，如图 3 所示，只有在镜面反射方向上散射波最强，上下两个晶面所发出的散射波的光程差为

$$\delta = \overline{AC} + \overline{BC} = 2d\sin\theta \tag{4}$$

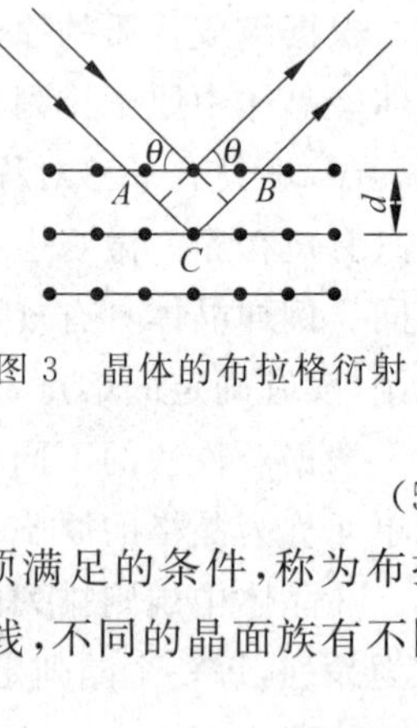

图 3　晶体的布拉格衍射

当光程差为波长的整数倍，即

$$2d\sin\theta = k\lambda, \quad k = 1, 2, 3, \cdots \tag{5}$$

时，所有这组晶面的散射波之间都干涉加强，这是 X 射线衍射所必须满足的条件，称为布拉格条件。实际上晶体有很多不同取向的晶面族，对一束入射的 X 射线，不同的晶面族有不同的掠射角，只有满足布拉格条件的晶面族才能形成干涉极大。

通过对晶体布拉格衍射谱的分析可以得到晶体结构的各种信息，由于不同元素的原子具有不同的 X 射线散射长度，因此一般而言通过晶体布拉格衍射谱的分析也可以得到构成晶体的元素信息。

由于加速后的电子、热中子的波长也可达到 0.1nm 的数量级，因此实践中也经常采用电子衍射及中子衍射来研究晶体结构，但电子束受到原子的散射很强，其穿透能力差，因此电子射线只用来研究薄膜或物质表面的结构。中子入射晶体后，由于只受原子核的散射，因此其穿透力强，可以研究大块材料，并且由于中子有磁矩，因此还可以用来研究物质的磁结构。

5. 微波模拟布拉格衍射实验原理

X 射线衍射实验由于实验原理及过程较为抽象，而且设备成本高，自动化程度高，不利于本科生学习,因此为了直观了解布拉格衍射的原理,实验上通常采用波长较长的微波来替代 X 射线。由于微波的波长较长,在实际晶体中不能衍射,因此采用模拟晶体代替实际晶体。本实验采用 X 波段的微波,波长为 3cm 左右,衍射晶体采用金属球搭建的具有简单立方结构、晶格常数为 4cm 的模拟晶体。与 X 射线衍射的布拉格条件相同,如图 3 所示,当入射波长,衍射角及晶面间距满足式(5),即满足

$$2d\sin\theta = k\lambda, \quad k = 1,2,3,\cdots \tag{6}$$

时,出现衍射极大,实验中改变衍射角观测极大值出现的角度,利用式(6)计算晶面间距,再利用式(3)计算晶格常数,并与给定值 $a=4$cm 比较,验证布拉格条件(或先从理论上计算衍射角的位置,再与测量值比较)。

【实验仪器】

1. 仪器用具。

微波衍射仪,2mm 厚的平板玻璃,微波反射金属平板两个,模拟晶体。

2. 仪器描述。

微波衍射仪:微波衍射仪结构如图 4 所示,主要由以下几个部分组成:

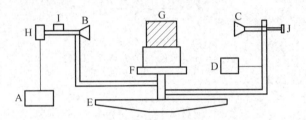

图 4 微波衍射仪

A—微波发生器电源;B—发射端口喇叭;C—微波接收端喇叭;D—微安表;E—刻度圆盘;
F—圆形载物台;G—模拟晶体;H—调频腔;I—衰减器;J—短路活塞

(1) 微波发生器电源。它通过发射端口喇叭发出一束 3cm 波段的微波。

(2) 微波接收器。它通过端口喇叭接收微波,并将微波信号转变为直流电流,由微安表指示信号的强弱。

(3) 刻度圆盘。它用来指示入射波和反射波的方向,测量 θ 角。

(4) 圆形载物台 F。用于安放模拟晶体,载物台可沿刻度圆盘中心轴转动,支架周边有指示转角的刻度盘。

模拟晶体:在泡沫塑料上将直径为 1cm 的金属铁球排列成间距为 4cm 的 4×4 的简单立方点阵,作为模拟晶体。

【实验步骤及数据处理】

1. 调整仪器

①调整微波接收喇叭与发射喇叭等高,然后将两喇叭分别转到 0°及 180°处,使两喇叭处于相对位置;②将微波发生器波段开关和电位器旋钮调至输出最小位置,将微波衰减器调至最大衰减位置,打开微波发生器电源开关,接通电源后调节电位器,使电压升至 10V。此时微波发生器有微波输出。③调整微波衰减器,使接收端的微安表指示处于半满偏位置。调整微波接收器短路活塞的位置,使微安表指示处于最大状态,再减小微波衰减器使微安表指示处于满偏的 2/3 处。④反复调整两喇叭的方向,使微安表指示最大,此时两喇叭口

对正。

2. 搭建微波干涉仪测量微波波长

（1）在调整好的微波干涉仪的载物台上放置固定木块（骑块），在木块上放置平板玻璃。通过转动载物台来转动平板玻璃,同时观察微安表,当微安表指示最大时表明平板玻璃垂直于发射喇叭和接收喇叭的连线。然后将接收喇叭转到 90°处,将平板玻璃转 45°,使平板玻璃反射的微波射向接收喇叭。连续装上两个金属反射板 M_1 和 M_2,安装时调整反射板方向,同时观察微安表,当微安表指示最大时表明反射板已经正对发射喇叭和接收喇叭。此时微波干涉仪搭建完毕。

（2）测量微波波长

向一侧移动正对发射喇叭的反射板 M_1,观察微安表,每当微安表指示最大时（此时微波光强最大）,记录反射板相应的位置 x_i,实验中测量微安表中连续出现 6 个光强极大时 M_1 的位置 x_i,将数据填入表 1 中,通过逐差法计算出连续 4 个光强极大之间的距离 d_i 及其平均值 $\bar{d}$

$$\bar{d} = \frac{d_1 + d_2 + d_3}{3} \tag{7}$$

其中

$$d_i = x_{i+3} - x_i, \quad i = 1, 2, 3 \tag{8}$$

通过式(9)得到微波波长 λ:

$$\lambda = \frac{2\bar{d}}{3} \tag{9}$$

通过式(10)估算微波波长 λ 的不确定度 $\Delta\lambda$:

$$\Delta\lambda = \frac{\Delta d}{\bar{d}} \bar{\lambda} \tag{10}$$

其中

$$\Delta d = \sqrt{\Delta_A^2 + \Delta_B^2} \tag{11}$$

$$\Delta_A = \frac{t_p(n-1)}{\sqrt{n}} S_d \tag{12}$$

$$s_d = \sqrt{\frac{\sum(d_i - \bar{d})^2}{n-1}} \tag{13}$$

其中 $n=3$,$\Delta_B=1$mm。最后写出测量结果的表达式

$$\lambda = \bar{\lambda} \pm \Delta\lambda \tag{14}$$

并分析产生误差的原因。

表 1 微波光强极大时 M_1 的位置

i	x_i/mm	i	x_i/mm	$d_i = x_{i+3} - x_i$/mm
1		4		
2		5		
3		6		

3. 验证布拉格条件

(1) 搭建微波衍射仪

在上一步的实验微波干涉仪中,撤下平板玻璃和反射金属板,把接收喇叭转回到180°位置,即使发射喇叭和接收喇叭处于0°~180°线上。将模拟晶体通过垫高泡沫塑料安放在载物台上,安放时使晶体的(100)晶面与底座刻度圆盘上的0°~180°线平行。调整微波衰减器,使接收端的微安表指示处于接近满偏的位置。

(2) 测量模拟晶体(100)晶面的布拉格衍射一级、二级掠射角 θ_1, θ_2

在0°~180°连线一侧从20°角开始,对称地移动发射喇叭和接收喇叭,每隔1.0°观测一次微安表读数,先找出一、二级极大的大致位置,然后在这两个位置附近细致测量,更准确地标定它们的位置 θ_1 和 θ_2。同样的方法测出0°~180°连线另一侧两个极大的位置 θ_1' 和 θ_2',将数据填入表2中。

表 2 (100)晶面衍射角测量结果

$\theta_1/(°)$	$\theta_1'/(°)$	$\bar{\theta}_1 = \dfrac{\theta_1 + \theta_1'}{2}/(°)$	$\theta_2/(°)$	$\theta_2'/(°)$	$\bar{\theta}_2 = \dfrac{\theta_2 + \theta_2'}{2}/(°)$

(3) 测量模拟晶体(110)晶面的布拉格衍射一级掠射角 θ_{110}

将模拟晶体通过载物台转动45°,测量方法与上述相同,只测一级掠射角即可。将测量结果填入表3中。

表 3 (110)晶面衍射角测量结果

$\theta_{110}/(°)$	$\theta_{110}'/(°)$	$\bar{\theta}_{110} = \dfrac{\theta_{110} + \theta_{110}'}{2}/(°)$

(4) 计算简单立方晶格的晶格常数 a

根据布拉格条件(式(6))和简单立方晶格晶面间距的表达式(式(3))分别由(100)晶面的一、二级衍射极大的位置和(110)晶面衍射一级极大的位置计算简单立方晶格的晶格常数 a,并与设计值 $a_0 (=4.00\text{cm})$ 作比较,给出各自的相对误差

$$E_r = \frac{a - a_0}{a_0} \times 100\% \tag{15}$$

并分析误差产生的可能原因。

【注意事项】

(1) 微波发生器电源工作电压不得超过12V。测量过程中工作电压不可调整,要保持稳定不变。

(2) 微安表指示不可超过满量程。测量过程中如果发生超过满量程的情况,可加大衰减器。

(3) 测量过程中,试验者头部尽量避开两个喇叭和模拟晶体。

(4) 微波发生器和接收器等如果不匹配,传输信号将受到破坏。因此使用仪器时,本书未提到的旋钮,学生不得随意乱动。

【思考题】

1. 微波的含义是什么?微波有哪几个显著特点?
2. 微波传输线有哪几种,传输线尺寸与微波波长有什么关系?
3. 从微观结构上来说,固体分为哪几类?都有什么特点?
4. 有哪几种射线可以应用于衍射法测量物质的微观结构中,它们都有什么特点?
5. 在实际测量晶体结构的应用中布拉格衍射只取一级衍射峰,不考虑高级衍射,为什么?
6. X射线能够用来分析本实验中的模拟晶体吗?微波布拉格衍射能够用来分析实际晶体吗?
7. 本实验组装的微波干涉仪,当移动平面镜观察干涉光强度时,发现最弱的干涉光强度较强,并不为零,最可能的原因是什么?

实验 20 巨磁电阻效应

【实验目的】

1. 了解巨磁电阻效应原理与应用。
2. 测量不同磁场下的巨磁电阻阻值 R_B,研究巨磁电阻 R_B 与磁场的关系。
3. 测定巨磁电阻传感器输出电压 $V_{输出}$ 与通电导线电流 I 的关系。

【实验原理】

1. 巨磁电阻效应

物质在磁场作用下电阻发生变化,这一现象称为磁致电阻效应(MR)。通常以磁电阻的相对变化率作为其大小的量度,定义为 $MR=(R_B-R_0)/R_0\times100\%$,其中 R_B 和 R_0 分别为磁感应强度为 B 和 0 时的电阻;也可用 $MR=(\rho_B-\rho_0)/\rho_0\times100\%$ 来表示,ρ_B 和 ρ_0 分别为磁感应强度为 B 和 0 时的电阻率。按产生机理和变化大小的不同,磁致电阻效应可分为:正常磁电阻效应(OMR)、各向异性磁电阻效应(AMR)、巨磁电阻效应(GMR)、庞磁电阻效应(CMR)及隧穿磁电阻效应(TMR)等。

1988 年法国科学家阿尔贝·费尔和德国科学家彼得·格林贝格尔几乎同时独立发现了巨磁电阻效应,并因此分享了 2007 年的诺贝尔物理学奖。巨磁电阻材料具有负的磁电阻变化率(MR<0),即电阻的阻值随磁场的增大而减小,其数值相比各向异性磁电阻效应高一到两个数量级。目前一般商业化产品巨磁阻器件中,室温下 MR 为 $-5\%\sim-20\%$,低温下改变量更大。

巨磁电阻效应最早发现于铁磁金属和非磁性金属交替重叠的多层膜结构,层厚为纳米量级,且相邻铁磁金属层的磁矩方向相反。其产生机理可由莫特(N. F. Mott)的二流体模型进行解释,电子除电荷特性外,还具有自旋自由度,流过多层膜的电流可以看作由两部分构成,自旋方向向上和自旋方向向下,电子在金属中运动时因受到散射而产生电阻,总电阻是独立的两个自旋电子流的阻值的并联。在非磁性金属层中,自旋向上和自旋向下的电子没有区别,对电阻的贡献相同。在磁性金属层中,当电子的自旋方向平行于铁磁层的磁矩方向时,散射较弱,电子比较容易通过,反之,当电子的自旋方向与铁磁层的磁化方向相反时,电子会受到较强的散射。所以当相邻铁磁层磁矩反向平行时(图1(a)),无论自旋方向向上还是向下的电子,在一个铁磁层受到较弱散射后进入相邻铁磁层都会受到强烈散射,从整体而言,所有电子都受到较强散射,宏观表现为多层膜处于高电阻状态,其电阻网络如图1(b)所示($R>r$);而当通过施加外磁场使得铁磁层的磁矩方向平行时(图1(c)),与磁矩方向相同的自旋电子始终受到较弱散射,与磁矩方向相反的自旋电子则始终受到较强散射,总电阻等效为高电阻与低电阻并联,宏观表现为多层膜处于低电阻状态(图1(d))。

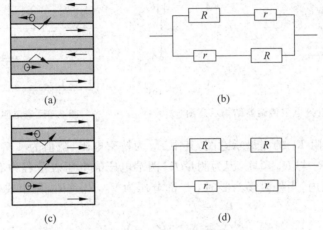

图1 二流体模型对巨磁电阻效应的解释示意图
(a)相邻铁磁层磁矩反平行排列;(b)磁矩反平行排列时的电阻网络;
(c)相邻铁磁层磁矩平行排列;(d)磁矩平行排列时的电阻网络

巨磁电阻效应的发现使得磁头的数据读取能力极大提高,磁盘类电子装置体积越来越小,容量和存储密度却越来越大,在计算机、数码相机、MP3和手机中都应用了这一技术;利用巨磁电阻效应制成的各类传感器具有体积小、灵敏度高、抗恶劣环境、使用温度高、成本低等优点,在民用工业和国防、航天中具有广泛的应用前景。

2. 巨磁电阻传感器

本仪器中的巨磁电阻传感器采用惠斯通电桥和磁通屏蔽技术。传感器基片上镀了一层很厚的磁性材料,这层材料对其下方的巨磁电阻形成屏蔽,不让任何外加磁场进入被屏蔽的电阻器。惠斯通电桥(图2(a))由4个相同的巨磁电阻组成,其中R_2和R_3在磁性材料的上方,随外磁场增大,阻值减小,而R_1和R_4在磁性材料的下方,被屏蔽而不受外磁场影响,电阻不变。

由图2可知,巨磁电阻传感器输出电压

$$V_{输出} = V_+ R_4/(R_1+R_4) - V_+ R_3/(R_2+R_3) \tag{1}$$

外磁场为0时,$R_1=R_2=R_3=R_4=R_0$,$V_{输出}=0$;当外磁场不为0时,被屏蔽的巨磁电阻阻值不随磁场变化,$R_2=R_4=R_0$,未被屏蔽的电阻阻值R_B随磁场增加而减小,$R_1=R_3=R_B$。由式(1)得到

$$V_{输出} = V_+ (R_0-R_B)/(R_0+R_B) \tag{2}$$

由式(2)可得

$$R_B/R_0 = (V_+ - V_{输出})/(V_+ + V_{输出}) \tag{3}$$

$$(R_B - R_0)/R_0 = -2V_{输出}/(V_+ + V_{输出}) \tag{4}$$

若将惠斯通电桥的4个巨磁电阻等效成一个巨磁电阻R_x（图2(b)），则有

$$R_x = (R_0 + R_B)/2 \tag{5}$$

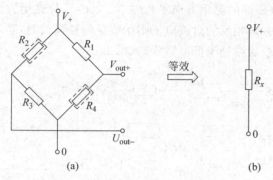
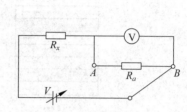

图2 巨磁电阻传感器结构示意图　　图3 巨磁电阻测量示意图

图3为巨磁电阻R_x的测量示意图，其中R_a为精密电阻，阻值为4.70kΩ。当白色波段开关拨至B点时，R_a与R_x串联，因为测量R_a两端电压的电压表量程为2V，此时可调电源V_+应设定在4V以内，当外磁场为零时，R_a的分压为V_0，$R_B = R_0$，则由式(5)得到

$$R_x = R_0$$
$$(V_+ - V_0)/R_x = V_0/R_a$$
$$R_0 = R_a(V_+ - V_0)/V_0 \tag{6}$$

当外磁场不为零时，R_a的分压为V，此时$R_x = (R_0 + R_B)/2$

$$R_x = R_a(V_+ - V)/V \tag{7}$$
$$R_B = 2R_x - R_0 \tag{8}$$

由于巨磁电阻传感器灵敏度高，因此能有效地检测到由待测电流产生的磁场，进而得到待测电流的大小。用巨磁电阻传感器测量通电导线电流值时，导线放在传感器的上方或下方，电流方向需平行于管脚(图4)。通电导线会在导线周围产生环形磁场，其磁感应强度与电流大小成正比。当传感器中的巨磁电阻材料感应到磁场，传感器就产生一个电压输出。当电流增大时，周围的磁场增大，传感器的输出也增大；同样，当电流减小时，周围磁场和传感器输出都减小。

【实验装置】

D-GMR-B型巨磁电阻效应实验仪主要由两台实验主机，实验装置架及各种连接线组成。实验装置架包括亥姆霍兹线圈和巨磁电阻传感器，实验主机含亥姆霍兹线圈用恒流源、待测直流电源、传感器工作电源、传感器输出测量表及测量电压表等。

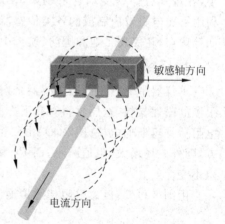

图4 巨磁电阻传感器用于测量电流

【实验内容】

实验一　研究室温下外加磁场B对单个巨磁电阻阻值R_B的影响，作R_B-B关系曲线，并求出电阻相对变化率$(R_B - R_0)/R_0$的最大值。

图 5　巨磁电阻效应实验仪装置实物图

1. 用航空线连接主机和实验装置,将亥姆霍兹线圈用红黑导线并联起来,与主机上的线圈用恒流源相连,将测量电压表下的白色波段开关拨向 B 点。

2. 打开主机,将线圈电压调零,传感器工作电压调为 3V 左右,逐渐升高线圈电流,观察测量电压表的数值变化后将线圈电流归零。

3. 记下线圈电流为 0 时测量电压表的数值 V_0,从 0 开始逐渐升高线圈电流,每隔 0.050A 记录相应测量电压表的输出值于表 1 中。

4. 亥姆霍兹线圈中心磁感应强度公式 $B=8\mu_0 NI/5^{\frac{3}{2}}R=8\times 4n\times 10^{-7}\times 200\times I/5^{\frac{3}{2}}\times 0.100=1.798\times 10^{-3}I$,计算不同磁场下的巨磁电阻阻值 R_B,以 R_B 为 Y 轴,磁感应强度 B 为 X 轴作图,并求出电阻相对变化率 $(R_B-R_0)/R_0$ 的最大值。

实验二　室温下研究巨磁电阻传感器输出电压 $V_{输出}$ 与通电导线电流 I 的关系。

表 1　传感器工作电压＿＿＿＿

线圈电流 I/A	磁场 B/mT	测量电压表 V/V	巨磁电阻 R_B/kΩ	线圈电流 I/A	磁场 B/mT	测量电压表 V/V	巨磁电阻 R_B/kΩ
0				0.700			
0.050				0.750			
0.100				0.800			
0.150				0.850			
0.200				0.900			
0.250				0.950			
0.300				1.000			
0.350				1.050			
0.400				1.100			
0.450				1.150			
0.500				1.200			
0.550				1.250			
0.600				1.300			
0.650				1.350			

1. 用红黑导线将实验装置黑色底板上的插座与主机上的被测电流相连,将传感器输出表头下的放大倍数挡调至×10 挡,测量电压表下的白色波段开关拨向 A 点。

2. 将被测电流调零,传感器工作电压调为 5V 左右,巨磁电阻传感器输出调零,逐渐升高被测电流,观察传感器输出变化后将被测电流和传感器输出再次归零。

3. 将被测电流由零开始逐渐增大,每隔 0.50 A 记一次传感器输出电压于表 2 中,以传感器输出电压 $V_{输出}$ 为 Y 轴,被测电流值 I 为 X 轴作图。

表 2 传感器工作电压

被测电流 I/A	传感器输出电压 $V_{输出}/V$	被测电流 I/A	传感器输出电压 $V_{输出}/V$	被测电流 I/A	传感器输出电压 $V_{输出}/V$
0		2.00		4.00	
0.50		2.50		4.50	
1.00		3.00		5.00	
1.50		3.50			

【注意事项】

1. 实验中,需注意地磁场对实验产生的影响。
2. 亥姆霍兹线圈电流和被测电流不用时均要调为零,避免测量时两磁场叠加,因而产生测量误差。
3. 尽量避免铁磁物质和可以产生磁性的材料在传感器附近出现。
4. 仪器上的恒流源不用时应归零,以提高使用寿命。

实验 21 测量铁磁材料的动态磁滞回线和基本磁化曲线

铁磁性材料是具有自发磁化现象的一种磁性材料,在日常生活中用途非常广泛。磁滞回线和基本磁化曲线反映了铁磁性材料在磁化过程中磁感应强度和磁场强度之间的关系。本实验采用示波器研究磁滞回线和基本磁化曲线的基本测量,以加深学生对铁磁材料性质的认识。

【实验目的】

1. 认识铁磁物质的磁化规律,比较典型铁磁物质的动态磁化特性。
2. 测定样品的基本磁化曲线。
3. 测定样品的矫顽力 H_c、剩磁 B_r、饱和磁感应强度 B_s 等参数。
4. 学会用示波器测绘基本磁化曲线和动态磁滞回线。

【实验原理】

1. 磁化曲线

在由电流产生的磁场中放入铁磁物质,该磁场将明显增强,此时铁磁物质中的磁感应强度比没放入铁磁物质时电流产生的磁感应强度增大百倍,甚至在千倍以上。铁磁物质内部的磁场强度 H 与磁感应强度 B 有如下的关系

$$B = \mu H$$

对于铁磁物质而言,磁导率 μ 并非常数,而是随 H 的变化而变化的物理量,即 $\mu = f(H)$,为非线性函数。所以 B 与 H 也是非线性关系。

铁磁材料的磁化过程为:其未被磁化时的状态称为去磁状态,这时若在铁磁材料上加一由小到大变化的磁化场,则铁磁材料内部的磁场强度 H 与磁感应强度 B 也随之变大。但

当 H 增加到一定值(H_s)后,B 几乎不再随着 H 的增加而增加,说明磁化达到饱和,如图1中的 Osa 段曲线所示。从未磁化到饱和磁化的这段磁化曲线称为材料的起始磁化曲线。

2. 磁滞回线

当铁磁材料的磁化达到饱和之后,如果将磁场减小,则铁磁材料内部的 B 和 H 也随之减小。但其减小的过程并不是沿着磁化时的 asO 段退回。显然,当磁化场撤销,$H=0$ 时,磁感应强度仍然保持一定数值,称为剩磁 B_r。

若要使被磁化的铁磁材料的磁感应强度 B 减小到0,必须加上一个反向磁场并逐步增大。当铁磁材料内部反向磁场强度增加到 $H=H_c$ 时(图1上的 b 点),磁感应强度 B 才为0,达到退磁。图1中的 ab 段曲线为退磁曲线,H_c 为矫顽力。如图1中 Osa 段曲线称为起始磁化曲线,所形成的封闭曲线 $abcdea$ 称为磁滞回线。由图1可知:

(1)若要使铁磁物质完全退磁,即 $B=0$ 必须加一个反向磁场 H_c。这个反向磁场强度 H_c 称为该铁磁材料的矫顽力。

(2)B 的变化始终落后于 H 的变化,这种现象称为磁滞现象。

(3)H 的上升与下降到同一数值时,铁磁材料内部的 B 值并不相同,即磁化过程与铁磁材料过去的磁化经历有关。

(4)当从初始状态 $H=0,B=0$ 开始周期性地改变磁场强度的幅值时,在磁场由弱到强单调增加过程中,可以得到面积由大到小的一簇磁滞回线,如图2所示。其中最大面积的磁滞回线称为极限磁滞回线。

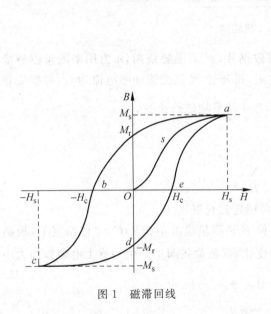

图1 磁滞回线

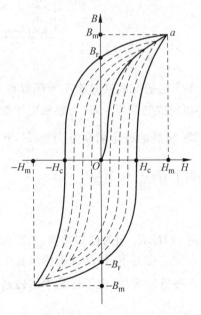

图2 铁磁材料的基本磁化曲线

(5)由于铁磁材料磁化过程的不可逆性及具有剩磁的特点,在测定磁化曲线和磁滞回线时,首先须将铁磁材料预先退磁,以保证外加磁场 $H=0$ 时,$B=0$;其次,磁化电流在实验过程中只允许单调增加或减小,不能时增时减。在理论上,要消除剩磁 B_r,只需改变磁化电流方向,使外加磁场正好等于铁磁材料的矫顽力即可。实际上,矫顽力的大小通常并不知道,因而无法确定退磁电流的大小。如果使铁磁材料磁化达到磁饱和,然后不断改变磁化电流的方向,与此同时逐渐减小磁化电流,直至为零。则该材料的磁化过程就是一连串逐渐缩小而最终趋于原点的环状曲线。

实验表明,经过多次反复磁化后,B-H 的量值关系形成一个稳定的闭合的"磁滞回线"。通常以这条曲线来表示该材料的磁化性质。这种反复磁化的过程称为"磁锻炼"。

图 2 中原点 O 和各个磁滞回线的顶点所连成的曲线,称为铁磁材料的基本磁化曲线。不同的铁磁材料其基本磁化曲线不同,为了使样品的磁特性可以重复出现,也就是指所测得的基本磁化曲线都是由原始状态($H=0$, $B=0$)开始,在测量前必须进行退磁,以消除样品中的剩余磁性。

磁化曲线和磁滞回线是铁磁材料分类和选用的主要依据,其中软磁材料的磁滞回线狭长、矫顽力、剩磁和磁滞损耗均较小,是制造变压器、电机等的主要材料。而硬磁材料的磁滞回线较宽,矫顽力大,剩磁强,可用来制造永久磁体。

3. 示波器显示 B-H 曲线的原理和线路

示波器测量 B-H 曲线的实验线路如图 3 所示。

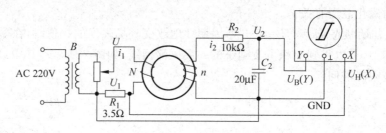

图 3 线路图

本实验研究的铁磁物质为环型和 EI 型矽钢片,N 为励磁绕组,n 为用来测量磁感应强度 B 而设置的绕组。R_1 为励磁电流取样电阻,设通过 N 的交流励磁电流为 i_1,根据安培环路定律,样品的磁化场强为 $H=\dfrac{Ni}{L}$,其中 L 为样品平均磁路长度。

由于 $i_1=\dfrac{u_1}{R_1}$,所以

$$H = \frac{N}{LR_1} \times U_1 \tag{1}$$

式中的 N、L、R_1 均为已知常数,所以由 U_1 可确定磁化强度 H。

在交变磁场下,样品的磁感应强度瞬时值 B 是测量绕组 n 和 R_2C_2 电路给定的,根据法拉第电磁感应定律,由于样品中的磁通 ϕ 的变化,在测量线圈中产生的感生电动势的大小为

$$\varepsilon_2 = n\frac{d\phi}{dt} \quad \text{而} \quad \phi = \frac{1}{n}\int \varepsilon_2 dt$$

故而

$$B = \frac{\phi}{S} = \frac{1}{nS}\int \varepsilon_2 dt \tag{2}$$

式中,S 为样品的截面积。如果忽略自感电动势和电路损耗,设在 Δt 时间内,i_2 向电容 C_2 的充电电量为 Q,则回路方程为

$$\varepsilon_2 = i_2 R_2 + \frac{Q}{C_2}$$

式中,i_2 为感生电流;C_2 为积分电容,ε_2 为两端电压。

如果选取足够大的 R_2 和 C_2,使 $i_2 R_2 \gg \frac{Q}{C_2}$,则 $\varepsilon_2 \approx i_2 R_2$。

因为
$$i_2 = \frac{dQ}{dt} = C_2 \frac{dU_2}{dt}$$

所以
$$\varepsilon_2 = C_2 R_2 \frac{dU_2}{dt} \tag{3}$$

由式(2)、式(3)可得
$$B = \frac{C_2 R_2}{nS} U_2 \tag{4}$$

其中,C_2、R_2、n 和 S 均为已知常数。所以由 U_2 可确定 B。

综上所述,将图3中的 $U_1(U_H)$ 和 $U_2(U_B)$ 分别加到示波器的"X 输入"和"Y 输入"便可观察样品的动态磁滞回线;接上数字电压表则可以直接测出 $U_1(U_H)$ 和 $U_2(U_B)$ 的值,即可绘制出 B-H 曲线,通过计算可测定样品的饱和磁感应强度 B_s、剩磁 B_r、矫顽力 H_c、磁滞损耗 (BH) 以及磁导率 μ 等参数。

【实验仪器】

本实验所用仪器为 CZY-1 磁滞回线实验仪。

【实验步骤】

1. 选择样品2,按实验仪上所给的电路接线图连接好线路。开启仪器电源开关,调节励磁电压 $U=0$,U_H 和 U_B 分别接示波器的"X 输入"和"Y 输入"。

2. 开启仪器电源开关,对样品进行退磁。顺时针方向转动电压 U 的调节旋钮,观察数字电压表可看到 U 从 0 逐渐增加增至 3V,然后逆时针方向转动电压 U 的调节旋钮,将 U 逐渐从 3V 调为 0,这样做目的是消除剩磁,确保样品处于磁中性状态,即 $B=H=0$。

3. 观察样品在 50 Hz 交流信号下的磁滞回线:开启示波器电源,断开时基扫描,调节示波器上"X"、"Y"位移旋钮,使光点位于坐标网格中心,调节励磁电压 U 和示波器的 X 轴和 Y 轴灵敏度,使显示屏上出现大小合适的磁滞回线图形。若磁滞回线顶部出现 8 字状的小环,这时可降低 U 予以消除。

4. 观察基本磁化曲线,按步骤2对样品2进行退磁,从 $U=0$ 开始,逐渐提高励磁电压,将在显示屏上得到面积由小到大一个套一个的一簇磁滞回线。这些磁滞回线顶点的连线,就是样品的基本磁化曲线,借助长余辉示波器,便可观察到该曲线的轨迹。

5. 测绘基本磁化曲线,并据此描绘 μ-H 曲线:接通实验仪的电源,对样品进行退磁后,依次测定 $U=0,0.2,0.4,0.6,\cdots,3.0$V 时的若干组 H 和 B 值,作 B-H 曲线和 μ-H 曲线。

6. 令 $U=3.00$V,观测动态磁滞回线:从已标定好的示波器上读取 $U_X(U_H)$、$U_Y(U_B)$ 值(峰值),计算相应的 H 和 B,逐点描绘而成。再由磁滞回线测定样品2的 B_s,B_r 和 H_c 等参数。

7. 同法观察样品1和样品3的磁化性能。

【数据处理】

1. 作 B-H 基本磁化曲线与 μ-H 曲线

选择不同的 U 值,分别记录 U_X、U_Y 并填入记录表1。本实验仪的输出 $U_Y=U_B$,$U_X=$

U_H，可先作出 U_Y-U_X 曲线。再根据公式 $B=\dfrac{C_2 R_2}{nS} U_2$（其中 $U_2=B_H$）和 $H=\dfrac{N}{LR_1}\times U_1$（其中 $U_1=U_H$），可分别计算出 B 和 H，作出 B-H 基本磁化曲线与 μ-H 曲线。

表1 （样品2）

U/V 0～6V	X轴格数×灵敏度	U_X/V	Y轴格数×灵敏度	U_Y/mV	$H\times 10^4$ /(A/m)	$B\times 10^2$/T	$\mu=B/H$ /(H/m)
0.0							
0.2							
0.4							
⋮							
3.0							

2. 动态磁滞回线的描绘

在示波器荧光屏上调出磁滞回线，测出磁滞回线不同点所对应的格数，然后将数据填入表2中。

表2

X(格)									
Y_1(格)									
Y_2(格)									
X(格)									
Y_1(格)									
Y_2(格)									

在坐标纸上绘出动态磁滞回线，并计算磁感应强度 B_s，剩磁 B_r 和矫顽力 H_c，由图2可知：

Y 最大值即 U_2（峰值），据此计算出磁性材料的饱和磁感应强度 B_s。

$X=0$ 时，据 Y 方向上的格数计算出对应的剩磁 B_r。

$Y=0$ 时，据 X 方向上的格数计算出 U_1（峰值）及矫顽力 H_c。

【预习思考】

1. 什么是磁性材料的矫顽力？
2. 什么是软磁材料，什么是硬磁材料？这两种材料各有什么用途？
3. 磁介质内部的磁场强度 H 和磁感应强度 B 有什么区别？
4. 铁磁性材料磁滞回线的面积大小反应了材料的什么性质？
5. 本实验中如果铁磁性材料没有退磁，其磁滞回线形状会有什么变化？

实验 22 用霍尔元件测磁场

1879年物理学家霍尔在研究载流导体在磁场中受力的性质时,发现若将导体置于与电流方向垂直的磁场中,则在垂直于电流和磁场的方向会产生附加电场,从而在导体的两端产生电势差,这一现象被称为霍尔效应。由于在金属导体和不良导体中霍尔效应并不明显,所以在当时并没有很多实际应用。后来,随着半导体技术及材料科学的发展,人们发现在半导体中霍尔效应十分显著,便将半导体加工制成霍尔器件,广泛应用于信号传感器和磁场测量装置中。现在,我们通过对半导体样件霍尔效应的研究分析,还可以获得其导电类型、电导率、载流子浓度和迁移率等重要参数,霍尔效应成为研究材料物理和物质电学性质的重要手段。

【实验目的】
1. 了解霍尔效应原理;
2. 学习用霍尔元件测量螺线管磁场分布;
3. 学习用"对称交换测量法"消除附加效应产生的影响。

【实验原理】

1. 霍尔效应

霍尔效应的本质是材料中的带电粒子在外加磁场中运动时,受到洛仑兹力的作用,使得其运动轨迹发生偏转,从而在材料两侧出现正负电荷积累,形成垂直于电流方向的电场。当载流子受到的洛仑兹力与电场力相平衡时,两侧形成的电场也达到稳定。

半导体材料中导电的载流子有两种类型,即带负电的电子和带正电的空穴,多数载流子为电子的半导体称为N型半导体,多数载流子为空穴的半导体称为P型半导体。若载流子为带负电的电子,则它的运动方向与电流方向相反;若载流子带正电荷,则它的运动方向与电流方向相同。

使用半导体材料制成的霍尔元件如图1所示,其长度为 l,宽度为 b,厚度为 d。沿 x 方向通以电流 I_S,在 z 方向加磁场 B,则在 y 方向即在 A、A' 两侧面聚集正负电荷,从而形成横向电场,这种电场称为霍尔电场 E_H,电场方向取决于载流子的种类(图1(a)为N型,图1(b)为P型),相应的两侧面间的电势差称为霍尔电势差 U_H。霍尔发现 U_H 与电流强度 I_S 和外加磁感应强度 B 成正比,而与厚度 d 成反比,即

$$U_H = R_H \frac{I_S B}{d} \tag{1}$$

式中,R_H 称为霍尔系数。

以P型半导体(图1(b))为例具体分析霍尔效应发生过程。在磁场 B 中载流子受到的洛仑兹力方向如图1(b)所示,大小为

$$f_B = evB \tag{2}$$

式中,e 为电子电量的绝对值,v 为平均迁移速度。在 f_B 的作用下,正电荷将在元件的 A' 侧堆积,相应的 A 侧将聚集等量的负电荷,从而形成一横向电场 E_H,电场对载流子作用力 f_E 与 f_B 方向相反,其表达式为

$$f_E = eE_H \tag{3}$$

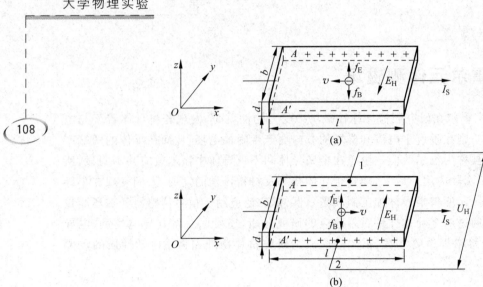

图 1 霍尔效应原理
(a) N 型半导体；(b) P 型半导体

f_E 阻碍电荷进一步堆积，当电荷积累达到动态平衡时，$f_B = f_E$，即 $evB = eE_H = eU_H/b$，此时 1、2 两点间的电位差可表示为

$$U_H = vbB \tag{4}$$

根据电流的定义，电流可表示为

$$I_S = nevbd \tag{5}$$

其中 n 为载流子浓度。

由式(1)、(4)、(5)可以解得

$$U_H = \frac{I_S B}{ned} \tag{6}$$

通过公式(6)和公式(1)可以得到霍尔系数，其表达式为

$$R_H = \frac{1}{ne} \tag{7}$$

定义 $K_H = R_H/d$，则式(1)可表示为

$$U_H = BK_H I_S \tag{8}$$

其中，K_H 称为霍尔元件灵敏度，它表示该元件在单位磁感应强度和单位控制电流下霍尔电势差的大小。

从式(8)中可知，如果已知霍尔元件的灵敏度 K_H，用实验仪器测出霍尔电势差 U_H 和电流 I_S 的大小，就可以计算出磁感应强度 B，这就是利用霍尔效应测磁场的原理。

2. 附加效应及其消除方法

上述实验公式是依据理想情况推导出来的，但是实际过程很复杂，产生霍尔效应的同时还会出现多种附加效应，这些效应所产生的附加电势叠加在霍尔电势上，形成测量系统误差，以下对主要的 4 种附加效应进行说明，并对实验采用的"对称交换测量方法"进行介绍。

1) 4 种附加效应

(1) 不等位效应

制作霍尔元件时，两个霍尔电势电极（A、B）不可能精准地焊在同一等位面上，如图 2 所示,因此即使不加磁场,只要有电流 I_S 通过,A、B 间就存在电势差 U_0,称为不等位电势。$U_0 = I_S R$,其中 R 是 x 方向 A、B 间的电阻。由此可见,U_0 的正负随 I_S 的方向而改变,与磁场无关,所以通过改变电流 I_S 的方向就能将其消除。

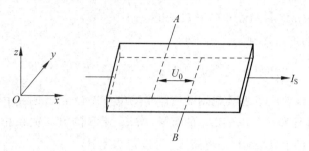

图 2　不等位效应

(2) 爱廷豪森效应

当霍尔元件通有沿 x 轴方向的工作电流 I_S,放置于沿 z 方向的磁场 B 中时,由于载流子实际上并不是以同一速度运动,而是速度服从统计分布,有快有慢,当达到动态平衡时,速度较快和较慢的载流子将在洛仑兹力和霍尔电场力的共同作用下,沿 y 轴各自向相反的方向偏转,载流子动能转化为热能,因而造成 y 方向上两侧面的温差,产生温差电动势 U_E,$U_E \propto I_S B$,这一效应称为爱廷豪森效应。U_E 的正负取决于 I_S、B 的方向。

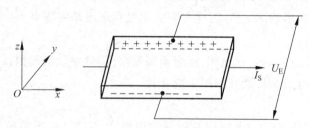

图 3　霍尔元件内电子的运动

(3) 能斯特效应

由于两个工作电流的电极焊点与霍尔元件的接触电阻不同,通有工作电流后,在接点处产生不同的焦耳热,两电极间产生温差电动势,此电动势又产生温差电流(称为热电流)Q,热电流在磁场作用下将发生偏转,结果在 y 方向上产生附加的电势差 U_N,且 $U_N \propto QB$,这一效应称为能斯特效应。U_N 的正负只与 B 的方向有关,故可通过改变磁场 B 的方向予以消除。

(4) 里纪—勒杜克效应

如能斯特效应中所述,霍尔元件在 x 方向产生温差电流 Q,在 y 方向产生附加的电势差 U_N 的同时,还会引起类似爱廷豪森效应的温差,由此产生电势差 U_R,$U_R \propto QB$,这一效应称为里纪-勒杜克效应。U_R 方向与 B 的方向有关,与 I_S 的方向无关,故可通过改变磁场 B 的方向予以消除。

2) 附加效应的消除方法——对称(交换)测量法

为了减少和消除以上效应引起的附加电势差,利用这些附加电势差与霍尔元件工作电流 I_S、磁场 B(即相应的励磁电流 I)的关系,采用对称(交换)测量法进行测量。

当 $+I, +I_S$ 时，$U_{AB1} = U_H + U_0 + U_E + U_N + U_R$；

当 $+I, -I_S$ 时，$U_{AB2} = -U_H - U_0 - U_E + U_N + U_R$；

当 $-I, -I_S$ 时，$U_{AB3} = +U_H - U_0 + U_E - U_N - U_R$；

当 $-I, +I_S$ 时，$U_{AB4} = -U_H + U_0 - U_E - U_N - U_R$。

对以上 4 式作如下运算则得

$$\frac{1}{4}(U_{AB1} - U_{AB2} + U_{AB3} - U_{AB4}) = U_H + U_E$$

可见，除爱廷豪森效应以外其他副效应产生的电势差会全部消除，因爱廷豪森效应所产生的电势差 U_E 的符号和霍尔电势 U_H 的符号，与 I_S 及 B 的方向关系相同，故无法消除，但在非大电流、非强磁场下，$U_H \gg U_E$，因而 U_E 可以忽略不计。

【实验注意事项】

1）使用前调整元件方位

若磁感应强度 B 与元件平面法线夹角为 θ，此时作用在元件上的有效磁场是沿法线方向上的分量 $B\cos\theta$，$U_H = K_H I_S B\cos\theta$，故开始实验前应调整元件方位，使 U_H 达到最大，即 $\theta = 0$；

2）霍尔元件的灵敏度 K_H 标定

霍尔元件的灵敏度 K_H 与其载流子浓度 n 成反比，同时半导体的载流子浓度与温度有关，所以温度的改变会影响 K_H 值，因此在实验前要利用已知磁场对 K_H 进行标定。

3）螺线管保护

为了不使螺线管过热而受到损坏，或影响测量精度，除在短时间内读取有关数据时通以励磁电流 I 外，其余时间必须断开励磁电流开关。

【实验仪器】

本实验所用仪器由 ZKY-LS 螺线管磁场实验仪和 ZKY-LC 霍尔效应螺线管磁场测试仪两大部分组成。

实验仪器电路简图如图 4 所示，其中，虚线框内为螺线管磁场实验仪电路简图，虚线框外为霍尔效应螺线管磁场测试仪电路简图。

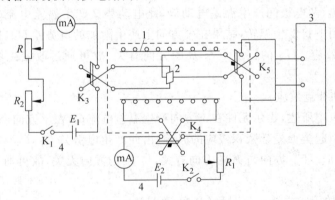

图 4　螺线管磁场实验仪

1—螺线管；2—霍耳元件；3—电势差计；4—稳压电源

螺线管磁场实验仪由螺线管、安装在二维移动标尺上的霍尔元件及刻线和3个双刀双掷换向闸刀开关组成。霍尔元件上连接4条引出线,其中两条为霍尔工作电流端,另两条为霍尔电压输出端。这四条引出线焊接在同一玻璃丝布板上,并分别引向相应的换向闸刀开关。3个双刀双掷换向闸刀开关分别对螺线管电流 I、工作电流 I_S、霍尔电压 U_H 进行通断和换向控制,并在磁场测试仪面板上用铭牌标示。

霍尔效应螺线管磁场测试仪面板如图5所示,分别为霍尔元件工作电流 I_S 的输出、调节、显示;霍尔电压 U_H 的输入、显示;励磁电流 I 的输出、调节、显示3大部分。工作电流 I_S 输出直流电流,调节范围 $1.5\sim10\text{mA}$;励磁电流 I 输出直流电流,调节范围 $0\sim1000\text{mA}$;霍尔电压测量范围 $\pm200\text{mV}$。

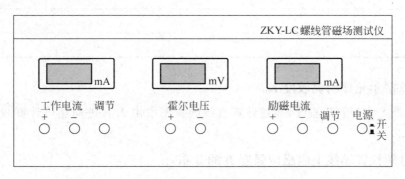

图5 霍尔效应螺线管磁场测试仪面板

【实验内容与数据处理】

1. 仪器的连接与预热

(1) 将测试仪左下方提供霍尔元件工作电流 I_S 的恒流源输出端与实验仪霍尔元件工作电流输入端相连接(将插头插入插座);

(2) 将实验仪上霍尔元件的霍尔电压 U_H 输出端与测试仪中部下方的霍尔电压输入端连接;

(3) 将测试仪面板右下方提供励磁电流 I 的恒流源输出端与实验仪上螺线管的输入端相连接(将接线叉口与接线柱连接);

(4) 将测试仪与220V交流电源接通,预热数分钟。

2. 霍尔电压与磁感应强度 B 的关系

(1) 移动二维标尺,使霍尔元件处于螺线管中心位置。

通电螺线管轴线中心处的磁感应强度理论值可利用如下公式计算:

$$B = \sum_i \mu_0 nIL \Big/ \sqrt{L^2 + D_i^2}$$

式中,$\mu_0 = 4\pi \times 10^7 \text{H/m}$ 为真空中的磁导率;n 为螺线管单位长度的匝数;I 为励磁电流强度;L 为螺线管长度;D_i 为第 i 层线圈直径。对于本实验所用的ZKY-LS螺线管

$$\sum_i L \Big/ \sqrt{L^2 + D_i^2} = 9.851$$

(2) 固定工作电流 $I_S = 10\text{mA}$,调节螺线管励磁电流分别为 $I = 200, 300, \cdots, 1000\text{mA}$,计算出螺线管轴线中央相应的磁感应强度理论值 B;测量出相应的霍尔电压 U_H。测量过

程中，为消除附加效应，每一励磁电流都要换向改变 I 及 I_S 的方向，取 4 次测量绝对值的平均值作为测量值。依据测量结果绘出 U_H-B 曲线，实验数据记录于表 1。

表 1　U_H-B 关系

$n=3000/0.276\text{m}^{-1}$, $I_S=10.00\text{mA}$

I/mA	B/(Wb/m²)	U_1/mV $+I,+I_S$	U_2/mV $-I,+I_S$	U_3/mV $-I,-I_S$	U_4/mV $+I,-I_S$	$U_H=\dfrac{\|U_1\|+\|U_2\|+\|U_3\|+\|U_4\|}{4}$/mV
200						
300						
400						
⋮						

3. 计算霍尔元件的灵敏度 K_H

在坐标纸上作 U_H-B 直线，通过计算直线的斜率求出 K_H，进而还可计算载流子浓度 n 等参量。

4. 测量螺线管轴线上磁感应强度 B 的分布

1) 首先将霍尔元件置于螺线管轴线中心位置，调节 $I_S=10.00\text{mA}$，$I=800\text{mA}$，测量相应的 U_H。

2) 保持 I_S 和 I 不变，以螺线管轴线为 x 轴，以轴线中央为坐标原点，将霍尔元件从中央向边缘移动，由移动标尺上读数，测出相应的 U_H 填入表 2。

3) 由式(8)计算各点的磁感应强度 B，公式中 U_H、K_H 及 I_S 为已知量，并绘出 B-x 图，显示螺线管轴线上 B 的分布状态。

表 2　测量 B-x 关系

X/mm	U_1/mV $+I,+I_S$	U_2/mV $-I,+I_S$	U_3/mV $-I,-I_S$	U_4/mV $+I,-I_S$	$U_H=\dfrac{\|U_1\|+\|U_2\|+\|U_3\|+\|U_4\|}{4}$/mV	B/(Wb/m²)
0						
10.0						
20.0						
30.0						
⋮						

【思考题】

1. 什么是霍尔效应？
2. 如何利用霍尔效应确定半导体类型？
3. 影响霍尔元件灵敏度 K_H 的因素有哪些？
4. 霍尔元件的灵敏度 K_H 如何标定？

实验 23 金属电子逸出功的测定

电子从金属中逃逸时需要克服阻力做功,称为电子逸出功。逸出功与金属电子发射性能密切相关,因而也是在选择电真空器件阴极材料时需要考虑的重要参量。电子逸出形成电子发射的方法有很多种,例如,用光照射金属表面使电子逸出的方法称为光电发射;靠电子流或离子流轰击金属表面引起电子发射的称为二次电子发射;靠外加电场引起电子发射的称为场效发射。通常,在室温下,能从金属表面逸出的电子微乎其微。若加热金属,使金属的温度上升到1000℃以上时,会有大量电子从金属中逸出,这就是热电子发射。本实验选用热电子发射的方法来测量金属钨的电子逸出功。

【实验目的】
1. 了解金属电子逸出功的基本理论。
2. 了解有关热电子发射的基本规律。
3. 掌握用里查逊直线法和外延法测定金属钨的电子逸出功的方法。

【实验仪器】
WF—1型金属电子逸出功测定仪,WF—2型逸出功测定仪(包括理想二极管),安培表(0.5级,750mA),数字万用表(2mA)。

【实验原理】

1. 电子的逸出功

根据固体物理学中的金属电子理论,金属中的传导电子能量遵循费米-狄拉克分布,即

$$f(E) = \frac{dN}{dE} = \frac{4\pi}{h^3}(2m)^{\frac{3}{2}} E^{\frac{1}{2}} \left[\exp\left(\frac{E-E_F}{kT}\right) + 1\right]^{-1} \tag{1}$$

式中,E_F 称为费米能级;h 为普朗克常量;k 为玻尔兹曼常量;m 为电子质量;T 是金属的热力学温度。

在绝对零度时电子的能量分布如图1中的曲线(1)所示。这时电子所具有的最大能量为 E_F。当温度 $T>0$ 时,电子的能量分布曲线如图1中的曲线(2)、(3)所示。其中,能量较大的少数电子具有比 E_F 更高的能量,其数量随能量的增加而指数减少。

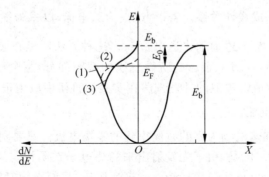

图 1 电子的能量分布

在通常温度下,由于金属表面与外界(真空)之间存在一个势垒 E_b,所以电子要从金属中逸出,至少具有能量 E_b。从图1可见,在绝对零度时电子逸出金属至少需要从外界得到

的能量为

$$E_0 = E_b - E_F = e\varphi \tag{2}$$

式中,$e\varphi$ 称为金属电子的逸出功,其常用单位为 eV,它表征要使处于绝对零度下的金属中具有最大能量的电子逸出金属表面所需要给予的能量。φ 称为逸出电势,其数值等于以 eV 为单位的电子逸出功。

可见,热电子发射通过提高阴极温度来改变电子的能量分布,使其中一部分电子的能量大于势垒 E_b。这样,能量大于势垒 E_b 的电子就可以从金属中发射出来,因此,逸出功的大小对热电子发射的强弱起到了决定性作用。

2. 热电子发射公式

如图 2 所示,理想二极管的阴极材料用钨丝做成,在阴极中通有电流 I_f 加热,并在阳极上加正向电压时,在外电路中可测得电流 I_a。很多电子器件的特性都与电子发射相关,所以研究阴极材料的物理性质,掌握其电子发射的性能,是非常重要的工作。根据费米-狄拉克能量分布公式(1),可以导出热电子发射的里查逊-杜西曼(Richardson-Dushman)公式,即

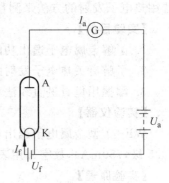

图 2 电路图

$$I = AST^2 \exp\left(-\frac{e\varphi}{kT}\right) \tag{3}$$

式中,I 为热电子发射的电流强度,单位为 A;A 为和阴极表面化学纯度有关的系数,单位为 A/m²·K²;S 为阴极有效发射面积,单位为 m²;T 为发射热电子的阴极的绝对温度,单位为 K;k 为玻尔兹曼常量($k = 1.38 \times 10^{-23}$ J/K)。从式(3)中可知,只要测定 I、A、S、T 就可以计算出阴极材料的逸出功 $e\varphi$。但是 A、S 这两个量很难测定,所以在实际测量中常用里查逊直线法,避开 A、S 的测量。

3. 里查逊直线法

将公式(3)两侧同除以 T^2,再取对数得

$$\lg\frac{I}{T^2} = \lg AS - \frac{e\varphi}{2.30KT} = \lg AS - 5.04 \times 10^3 \varphi \frac{1}{T} \tag{4}$$

从式(4)可见,$\lg\frac{I}{T^2}$ 与 $\frac{1}{T}$ 成线性关系。若以 $\lg\frac{I}{T^2}$ 为纵坐标,以 $\frac{1}{T}$ 为横坐标作图,从所得直线求斜率即可求出逸出电势 φ,进而求出逸出功 $e\varphi$。这种方法叫里查逊直线法。这样,可以避开 A、S 具体数值的求解(A、S 只会影响所得直线的截距部分,不会影响斜率),只需要求出 I 和 T,就能得到 φ 的数值。类似的处理方法在实验和科研中应用很广泛。

4. 外延法求零场电流

公式(3)中的 I 是加速电场为零的时候得到的零场电流。只要阴极材料有热电子发射,那么就能测到发射电流。但是,由于先发射出来的热电子在阴极与阳极之间会形成空间电荷分布,这些空间电荷的电场将阻碍后续电子到达阳极,从而影响发射电流的测量。为了维持阴极发射的热电子能不断地飞向阳极,必须在阴极和阳极之间加一个加速电场 E_a,使热电子在电场的作用下从阴极到达阳极,这样不断发射,形成电流。在加速电场 E_a 的作用下,阴极表面的势垒 E_b 降低,逸出功减小,发射电流增大,这种现象称为肖特基效应。可以证

明,在有加速电场时得到的发射电流 I_a 和加速电场 E_a 之间有如下关系

$$I_a = I\exp\left(\frac{0.439\sqrt{E_a}}{T}\right) \tag{5}$$

对公式(5)取对数,得

$$\lg I_a = \lg I + \frac{0.439}{2.30T}\sqrt{E_a} \tag{6}$$

为了方便,一般将阴极和阳极做成共轴圆柱体,在忽略接触电势差等影响的条件下,加速电场为

$$E_a = \frac{U_a}{r_1 \ln\frac{r_2}{r_1}} \tag{7}$$

式中,r_1 和 r_2 分别为阴极和阳极的半径,U_a 为阳极电压,将式(7)代入式(6),得

$$\lg I_a = \lg I + \frac{0.439}{2.30T}\frac{\sqrt{U_a}}{\sqrt{r_1 \ln\frac{r_2}{r_1}}} \tag{8}$$

由式(8)可见,当电极的形状和阴极温度 T 一定时,$\lg I_a$ 和 $\sqrt{U_a}$ 成线性关系。以 $\lg I_a$ 为纵坐标,以 $\sqrt{U_a}$ 为横坐标作图,如图3所示。这些直线的延长线与纵轴的交点为 $\lg I$。这样就可以求出不同温度下的零场电流。

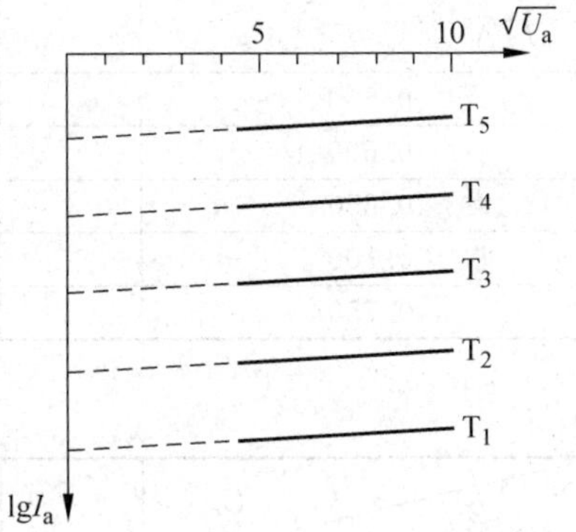

综上所述,测定阴极材料的温度 T,测出 U_a、I_a,利用式(8)关系作图得到零场电流 I,再根据式(4)作图,即可求出逸出电位 φ,进而求出逸出功 $e\varphi$。

5. 灯丝温度的测量

温度 T 出现在热电子发射公式(3)的指数项中,它的误差对实验结果影响很大。因此,实验中准确地测量阴极材料的温度非常重要。阴极温度 T 的测定一般有两种方法:一种是用光测高温计测定;另一种是根据已经标定的理想二极管的灯丝(阴极)电流 I_f 确定阴极温度 T。本实验采用第二种方法。I_f 和 T 两者关系由下式给出

$$T = 920.0 + 1600\, I_f \tag{9}$$

灯丝电流取不同值时对应的温度列表1如下。

图3 $\lg I_a$-$\sqrt{U_a}$ 关系图

表1 灯丝电流与温度关系

灯丝电流 I_f/A	0.55	0.60	0.65	0.70	0.75
灯丝温度 $T/10^3$K	1.80	1.88	1.96	2.04	2.12

【实验步骤】

1. 按图4实验电路连线,用安培表(750mA)测灯丝电流 I_f,万用表(直流 2mA 挡)测发射电流 I_a,提供灯丝电压、阳极电压的两个电位计旋至最小,接通电源,将灯丝电流 I_f 调至0.550A,预热10min。

2. 理想二极管灯丝电流 I_f 从0.550A 逐次调至0.750A,每隔0.050A 进行一次测量。

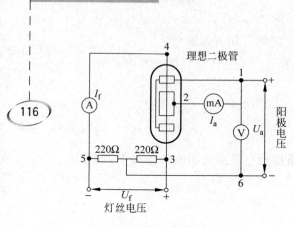

图 4 实验电路图

对应每一灯丝电流,即灯丝的某一温度固定时,在阳极上加电压 25 V、35 V、50 V…,测出相应的发射电流 I_a,记录数据于表 2,并换算至表 3。

3. 根据换算后的表 3 数据,作 $\lg I_a$-$\sqrt{U_a}$ 图线,根据外延法求出截距 $\lg I$,即可得到不同灯丝温度时的零场发射电流 I。

4. 利用 $\lg I$,计算出 $\lg \dfrac{I}{T^2}$,根据表 4 数据作 $\lg \dfrac{I}{T^2}$-$\dfrac{1}{T}$ 图线,计算所得直线斜率,利用公式(4)求出逸出电势 φ,进而求出钨的逸出功。

表 2 数据表

I_f/A \ $I_a/10^{-6}$A \ U_a/V	25.0	35.0	50.0	65.0	80.0	100.0	120.0	145.0
0.550								
0.600								
0.650								
0.700								
0.750								

表 3 数据表

$T/10^3$K \ $\lg I_a$ \ $\sqrt{U_a}$	5.00	5.92	7.07	8.06	8.94	10.00	10.95	12.04
1.80								
1.88								
1.96								
2.04								
2.12								

表 4 数据表

$T/10^3$K	1.80	1.88	1.96	2.04	2.12
$\lg I$					
$\lg\left(\dfrac{I}{T^2}\right)$					
$\dfrac{1}{T}\times 10^4$					

【注意事项】

1. 因为二极管的灯丝比较脆弱,实验中应避免振动,灯丝电流 I_f 不能超过 0.800A,防止灯丝熔断,以延长二极管寿命。接线时切勿接错电压,以免烧坏二极管。

2. 改变灯丝电流不易过快,且每改变一次均需预热一段时间,待电流稳定后,即阴极材料温度稳定后,再进行测量。

3. 灯丝电流越大越不易稳定,这会大大影响阴极的温度。所以,调整好灯丝电流后,在改变阳极电压过程中仍需注意灯丝电流,若有变化随时调整。

【预习思考题】

1. 什么是金属电子逸出功?其单位是什么?
2. 使电子从金属中逸出的方法有很多,本实验采用的是什么方法?
3. 实验中采用的里查逊直线法的优点是什么?
4. 实验中直接测量的量是哪几个?
5. 当灯丝电流变大时,零场电流怎么变化?
6. 当阳极电压增大时,发射电流将如何变化?

实验 24 硅光电池特性的研究

【实验目的】

1. 掌握 PN 结形成原理及工作机理。
2. 掌握硅光电池的工作原理及其工作特性。

【仪器设备】

MD-GD-3 型硅光电池特性实验仪。

【实验原理】

1. 引言

目前,半导体光电探测器在数码摄像、光通信、太阳电池等领域得到广泛应用,硅光电池是半导体光电探测的一个基本单元,深刻理解硅光电池的工作原理和具体使用特性可以进一步领会半导体 PN 结原理、光伏电池产生机理。

图 1 是半导体 PN 结在零偏、反偏和正偏下的耗尽区,当 P 型和 N 型半导体材料结合时,由于 P 型材料空穴多电子少,而 N 型材料电子多空穴少,结果 P 型材料中的空穴向 N 型材料这边扩散,N 型材料中的电子向 P 型材料这边扩散,扩散的结果使得结合区两侧的 P 型区出现负电荷,N 型区带正电荷,形成一个势垒,由此而产生的内电场将阻止扩散运动的继续进行,当两者达到平衡时,在 PN 结交界面形成一个耗尽区,耗尽区的特点是无自由载流子,呈现高阻抗。当 PN 结反偏时,外加电场与内电场方向一致,耗尽区在外电场作用下变宽,使势垒加强;当 PN 结正偏时,外加电场与内电场方向相反,耗尽区在外电场作用下变窄,势垒削弱,使载流子扩散运动继续形成电流,此即为 PN 结的单向导电性,电流方向是从 P 指向 N。

2. 硅光电池的工作原理

硅光电池是一个大面积的光电二极管,它被设计用于把入射到它表面的光能转化为电

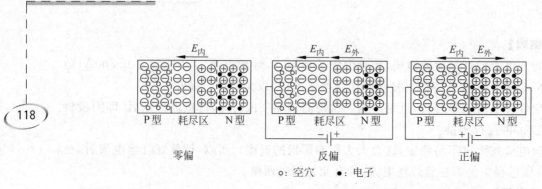

图 1 半导体 PN 结在零偏、反偏和正偏下的耗尽区

能,因此,可用作光电探测器和光电池,被广泛用于太空和野外便携式仪器等的能源。

光电池的基本结构如图 2 所示,当半导体 PN 结处于零偏或者反偏时,在它们的结合面耗尽区存在一内电场,硅光电池在没有光照时其特性可视为一个二极管,其正向偏压 U 与通过电流 I 的关系式为

$$I = I_S(e^{\frac{eV}{kT}} - 1) \tag{1}$$

当有光照时,入射光子将把处于介带中的束缚电子激发到导带,激发出的电子空穴对在内电场作用下分别漂移到 N 型区和 P 型区,当在 PN 结两端加负载时就有一光生电流流过负载。流过 PN 结两端的电流可由式(2)确定。

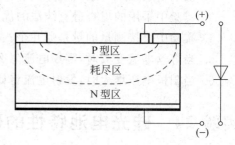

图 2 光电池结构示意图

$$I = I_S(e^{\frac{eV}{kT}} - 1) + I_P \tag{2}$$

式中,I_S 为饱和电流;V 为 PN 结两端电压;T 为绝对温度;I_P 为产生的光电流。从式中可以看到,当光电池处于零偏时,$V=0$,流过 PN 结的电流 $I=I_P$;当光电池处于反偏时(本实验中取 $V=-5\text{V}$),流过 PN 结的电流 $I=I_P-I_S$,因此,当光电池用作光电转换器时,光电池必须处于零偏或者反偏状态。光电池处于零偏或反偏状态时,产生的光电流 I_P 与输入光功率 P_i 有以下关系:

$$I_P = RP_i \tag{3}$$

式(3)中 R 为响应率,R 随入射光波长的不同而变化,对不同材料制作的光电池 R 值分别在短波长和长波长存在一截止波长,在长波长处要求入射光子的能量大于材料的能级间隙 E_g,以保证处于介带中的束缚电子得到足够的能量被激发到导带,对于硅光电池其长波截止波长为 $\lambda_c = 1.1\mu\text{m}$,在短波长处也由于材料有较大吸收系数使 R 值很小。

图 3 是光电信号接收端的工作原理图,光电池把接收到的光信号转变为与之成正比的电流信号,再经电流电压转换器把光电流信号转变成与之成正比的电压信号。比较光电池零偏和反偏时的信号,就可以测定光电池的饱和电流 I_S。当发送的光信号被正弦信号调制时,则光电池输出电压信号中将包含正弦信号,据此可通过示波器测定光电池的频率响应特性。

3. 光电池的负载特性

光电池作为电池使用如图 4 所示。在内电场作用下,入射光子由于内光效应把处于介带中的束缚电子激发到导带,而产生光伏电压,在光电池两端加一个负载就会有电流流过,

当负载很小时,电流较大而电压较小;当负载很大时,电流较小而电压较大。实验时可改变负载电阻 R_L 的值来测定光电池的伏安特性。

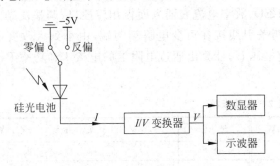

图 3　光电池光电信号接收端工作示意图

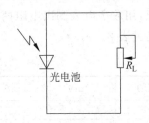

图 4　光电池伏安特性示意图

【实验内容与步骤】

1. 测量硅光电池正向偏压的 *I-U* 特性

硅光电池在没有光照的条件下,其特性可视为一个二极管。本实验是在硅光电池特性实验仪上完成的。

(1) 按照图 5 连接电路,在全暗的情况下,改变电源电压,用数字表分别测出硅光电池和 1000Ω 电阻两端的电压降 U_1 和 U_2,实验表格见表 1。

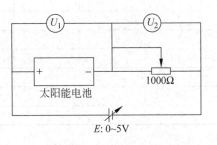

图 5　测量硅光电池正向偏压电路图

表 1　实验表格

U_1/mV											
U_2/mV											
$I/\mu A$											

(2) 由表 1 中数据画出 I-U_1 曲线,如图 6 所示。

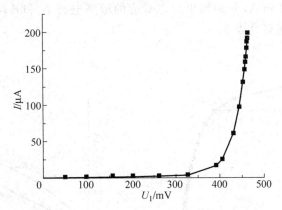

图 6　硅光电池正向偏压的 I-U_1 特性

2. 测量硅光电池的输出特性

当太阳电池接上负载 R_L 时如图 4 所示,在一定的光照下,负载 R_L 在 0～∞ 之间变化时,每对应一个R_L,就有一组确定的I、U与之对应,这些I与U关系的曲线称为光电池的伏安特性曲线。

(1) 将暗盒内的高亮度发光二极管LED、数字电流表插入面板相应插口,调整发光二极管LED的电流为10mA,将硅光电池的两条引线接在可变电阻箱两端,由小到大改变电阻箱阻值,用数字电表测出电阻两端的相应电压U,计算出通过电阻上的电流I和功率P。实验表格见表2。

表2 实验表格

R/kΩ	U/mV	I/mA	P/mW	R/kΩ	U/mV	I/mA	P/mW
0.1				8			
0.5				9			
1				10			
2				15			
3				20			
4				25			
5				30			
6				40			
7				50			

(2) 画出 I-U 关系图线,如图7所示。

由硅光电池的伏安特性曲线在I轴和U轴上的截距求出短路电流I_{sc}和开路电压U_{oc}。并描绘出P-R关系曲线,如图7中的虚线,求出硅光电池的最大输出功率P_{max}及等效电阻R_m,并计算出填充因子$FF = P_{max}/(I_{sc} \cdot U_{oc})$。

3. 测量硅光电池的光照效应与光电性质

(1) 将暗盒内的高亮度发光二极管LED、数字电表插入面板相应插口,调整使发光二极管LED电流为10mA。用光功率计测量此时的光功率为J_i,改变发光二极管LED电流为12mA、14mA、16mA、18mA,分别测出与之对应的短路电流I_{sc}和开路电压U_{oc}以及光功率J_i,如图8所示,实验表格见表3。

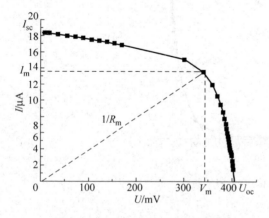

图7 硅光电池的伏安特性曲线

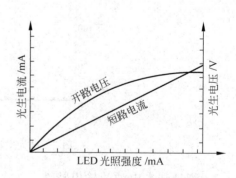

图8 开路电压、短路电流与光照强度的关系曲线

表 3 实验表格

LED 发光二极管电流/mA	10	12	14	16	18
光功率/$J_i, i=1,2,3,4,5$					
相对强度 J_i/J_1					
I_{sc}/mA					
U_{oc}/mV					

(2) 描绘 I_{sc} 和相对强度 J_i/J_2 之间的关系曲线，描绘 U_{oc} 和相对强度 J_i/J_1 之间的关系曲线并对曲线进行讨论。

4. 硅光电池的频率特性研究

根据公式(3)：用 5 种 NG 型滤色片滤光从而得到不同频率的单色光，可对光电池进行频率特性的研究。

【注意事项】
1. 实验时将"光强调节"旋钮调至 10mA，不能过大，否则会烧毁发光二极管。
2. 插拔线束时请捏住插头，不要抓线硬拽。
3. 确认接好线后才能打开电源通电。

【预习思考题】
1. 硅光电池在工作时为什么要处于零偏或反偏？
2. 为什么硅光电池正向偏压的 I-U 关系不呈直线？
3. 什么是填充因子？它的数值大小对于硅光电池具有什么意义？
4. 简述半导体 PN 结的耗尽区是如何形成的？

实验 25 晶体电光效应

【引言】

在外加电场的作用下，晶体的折射率发生改变的现象称为电光效应（electro-optical effect）。有外加电场 E_0 时，晶体的折射率 n 表示为

$$n = n_0 + aE_0 + bE_0^2 + \cdots$$

式中，n_0 是没有加电场 E_0 时晶体的折射率；a、b 是常数。其中电场一次项引起的变化称为线性电光效应，由普克尔斯（Pokels）于 1893 年发现，故也称为 Pokels 效应，一般发生于无对称中心晶体中。由电场的二次项引起的变化称为二次电光效应，由克尔（Kerr）在 1875 年发现，也称克尔效应，可发生于所有晶体中。在无对称中心晶体中，一次效应比二次效应显著得多，所以对于无对称中心晶体通常主要讨论线性效应部分。尽管电场引起折射率的变化很小，但可用干涉等方法精确地显示和测定，并有许多重要的应用，如广泛用于光通信、测距、显示、信息处理以及传感器等许多方面。电光效应有很短的响应时间（可以跟上频率为 10^{10} Hz 的电场变化），因此也被用于高速摄影中的快门、光速测量中的光束斩波器等。由于激光的出现，电光效应的应用和研究得到了迅速发展，如激光通信、激光测量、激光数据处理等。

电光效应根据施加的电场方向与通光方向相对关系，可分为纵向电光效应和横向电光

效应。加在晶体上的电场方向与光在晶体中的传播方向平行时产生的电光效应,称为纵向电光效应,通常以磷酸二氢钾(KH_2PO_4,简称 KDP)类型晶体为代表;加在晶体上的电场方向与光在晶体里传播方向垂直时产生的电光效应,称为横向电光效应,以铌酸锂($LiNbO_3$,简称 LN)晶体为代表。利用纵向电光效应的调制,叫做纵向电光调制;利用横向电光效应的调制,叫做横向电光调制。

【实验目的】

1. 研究 LN 晶体的横向电光效应,观察锥光干涉图样,测量半波电压;
2. 学习电光调制的原理和实验方法,掌握调试技能;
3. 了解利用电光调制模拟音频光通信的实验方法。

【实验原理】

1. 晶体的折射率椭球

当光线穿过某些透明晶体(如方解石、铌酸锂、钽酸锂等)时,会折射成两束光。其中一束折射光服从一般折射定律,沿各方向传播速度相同,各方向折射率相同,且在入射面内传播,称为寻常光(ordinary light,简称 o 光),折射率以 n_o 表示;而另一束折射光不服从折射定律,沿各方向传播速度不相同,各向折射率随入射角不同而改变,并且不一定在入射面内传播,称为非常光(extraordinary light,简称 e 光),折射率以 n_e 表示。二者相位差为

$$\delta = \frac{2\pi}{\lambda}(n_o - n_e)l$$

式中,λ 为光在真空中的波长;n_o、n_e 分别为 o 光、e 光在介质中的折射率;l 是折射光在晶体内的传播距离。

一般晶体中总有一个或二个方向,当光线在晶体中沿此方向传播时,不发生双折射现象,把这个方向叫做晶体的光轴方向。只有一个光轴方向的晶体称为单轴晶体,有两个光轴方向的晶体称为双轴晶体。由晶体光轴和折射光线所组成的平面称为该折射光线的主平面。实验发现,o 光和 e 光都是线偏振光,但它们的光矢量(一般指电场矢量 E)的振动方向不同,o 光的光矢量振动方向垂直于 o 光的主平面,e 光的光矢量振动方向平行于 e 光的主平面。晶体的光轴在入射面内时,o 光和 e 光的主平面重合,o 光和 e 光的光矢量振动方向互相垂直。

由光的电磁理论可知,光波是一种电磁波。在各向异性介质中,光波中的电场强度矢量 E 与电位移矢量 D 的方向是不同的。对于任意一种晶体,我们总可以找到一个直角坐标系 (x,y,z),在此坐标系中有 $D_i = \varepsilon_i \varepsilon_0 E_i (i = x,y,z)$,这样的坐标系 (x,y,z) 叫做主轴坐标系。光波在晶体中的传播性质可以用一个折射率椭球来描述,在晶体的主轴坐标系中,折射率椭球的表达式写为

$$\frac{x^2}{n_x^2} + \frac{y^2}{n_y^2} + \frac{z^2}{n_z^2} = 1$$

式中,$n_i = \sqrt{\varepsilon_i}(i = x,y,z)$,是晶体的主折射率,$\varepsilon_i$ 是相对介电常数,ε_0 是真空介电常数。

本实验所用的 LN 晶体,属于三角晶系 $3m$ 晶类(点群),主轴 z 方向有一个三次旋转轴,光轴与 z 轴重合,是单轴晶体。对于单轴晶体,有 $n_x = n_y = n_o$,$n_z = n_e$,于是其折射率椭球方程为

$$\frac{x^2+y^2}{n_o^2}+\frac{z^2}{n_e^2}=1$$

由此看出，单轴晶体的折射率椭球是一个旋转对称的椭球，如图 1 所示。

2. LN 晶体的线性电光效应

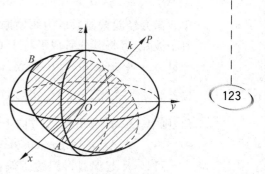

图 1 晶体的折射率椭球

以上讨论的是没有外界影响时的折射率椭球，也就是晶体的自然双折射。当晶体处在一个外加电场中时，晶体的折射率会发生变化。LN 晶体通常采用横向加压，z 向通光的运用方式，即在主轴 y 方向加电场 E_y，而 $E_x = E_z = 0$，有外电场时折射率椭球的主轴一般不再与原坐标轴重合。设晶体在 z 方向长度为 l，y 方向长度为 d，y 方向上所加电场的电压为 U。

将坐标系 (x, y, z) 沿 z 轴旋转 $45°$ 进行坐标变换（主轴变换），得到一个新的坐标系 (x', y', z')，称为感应主轴坐标系。

在 LN 晶体的 y 轴方向上加电场时，原来的单轴晶体 ($n_x = n_y = n_o, n_z = n_e$) 变成了双轴晶体 ($n_{x'} \neq n_{y'} \neq n_{z'}$)，折射率椭球在 $x'y'$ 平面上的截面由原来的圆变成了椭圆，椭圆的长短轴方向 x'、y' 相对于原主轴 x、y 绕 z 轴旋转了 $45°$，转角的大小与外加电场无关，感应主轴的长短轴的大小与外加电场 E_y 成线性关系，即晶体的线性电光效应。

3. LN 晶体的横向电光相位差

当入射光沿晶体光轴 z 方向传播，y 方向加电场 E_y 时，电矢量在 x' 方向振动的光波与 y' 方向振动的光波传播速度不同 ($n_{x'} \neq n_{y'}$)，因此通过长度为 l 的电光晶体后要产生相位差 φ：

$$\varphi = \frac{2\pi}{\lambda}(n_{x'} - n_{y'})l = \frac{2\pi}{\lambda}n_o^3 \gamma_{22} U \frac{l}{d}$$

式中，l 是晶体的通光长度；d 是晶体在 y 方向的厚度；U 是外加电压；n_o 是晶体 o 光折射率；γ_{22} 是晶体的电光系数。此式表明，由 E_y 引起的相位差与加在晶体上的电压 U 成正比，这种以电场方向和光传播方向相互垂直方式工作的电光调制器称为横向调制器。

在电光效应中，将两个光波产生相位差为 π 时晶体上所加的电压称为"半波电压"，记为 U_π，于是 $\varphi = \pi = \frac{2\pi}{\lambda}n_o^3 \gamma_{22} U_\pi \frac{l}{d}$，所以有 $U_\pi = (\lambda / 2n_o^3 \gamma_{22})\frac{d}{l}$。

4. 电光调制器的工作原理

本实验以 LN 晶体的横向电光效应为例来讨论电光调制器的工作原理，如图 2 所示。

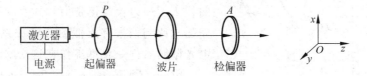

图 2 偏振光干涉示意图

将 LN 晶体放在两偏振片之间，当晶体加上电场后，它就相当于一个 z 方向厚度为 l 产生 φ 相位差的波片。设该波片 C 方向与起偏器 P 偏振轴成 α 角，与检偏器 A 偏振轴成 β

角。激光经起偏器后成为线偏振光(振幅为 A_i，光强为 I_i)正入射于波片，可将其分解成平行于 C 和垂直于 C 方向的两个偏振分量 $A_e = A_i\cos\alpha$ 和 $A_o = A_i\sin\alpha$，如图 3 所示。出射波片时的相位差为 $\varphi = \dfrac{2\pi}{\lambda}(n_e - n_o)l$。因为 C 方向与检偏器 A 偏振轴成 β 角，则 A_e, A_o 两分量在 A 方向上的振幅为

$$A_{2e} = A_i\cos\alpha\cos\beta, \quad A_{2o} = A_i\sin\alpha\sin\beta$$

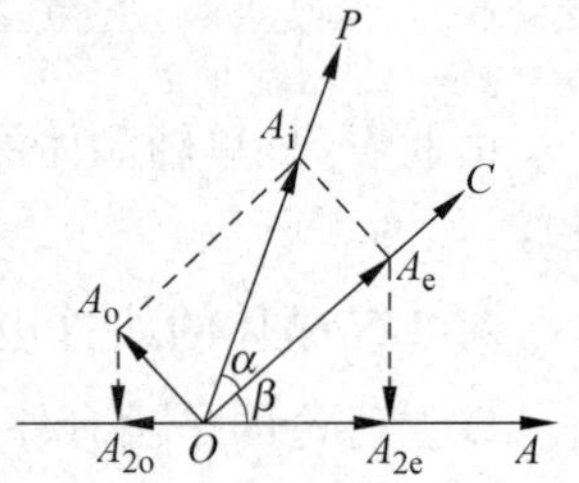

可见，从起偏器得到的线偏振光，经过晶片后，成为透振方向相互垂直的偏振光。这两束光线再经过检偏器后，两者在检偏器主截面上的分振动具有相干性，可发生干涉现象。

经过检偏器 A 后的合成光强为

$$I = A_{2e}^2 + A_{2o}^2 + 2A_{2e}A_{2o}\cos(\pi + \varphi)$$
$$= A_i^2\left\{\cos^2(\alpha + \beta) + \dfrac{1}{2}\sin2\alpha\sin2\beta(1 - \cos\varphi)\right\}$$

当 PA 正交时，$\alpha + \beta = 90°$，且 $\alpha = 45°$ 时，$I = \dfrac{1}{2}I_i(1 - \cos\varphi)$；

(1) 直流电压调制

取 P 的偏振轴与 LN 晶体的 x 轴平行，加直流电压 $U = U_D$ 后 P 与新的感应主轴 x' 即成 $45°$，则经过 A 之后的输出光强为

$$I = \dfrac{1}{2}I_i(1 - \cos\varphi) = \dfrac{1}{2}I_i\left(1 - \cos\dfrac{\pi}{U_\pi}U_D\right)$$

输出光强 I 随 U_D 而变化，即可达到光调制的目的。

(2) 正弦信号调制

如果在 LN 晶体上除了加一直流电压 U_D 产生相位差 φ_D 之外，同时加上一个幅值不大的正弦调制信号 $U_m\sin\omega t$，即

$$U = U_D + U_m\sin\omega t$$

代入上式，并利用贝塞尔函数展开后，可得到下面几种情况，如图 4 所示。

a：当 $\varphi_D = \dfrac{\pi}{2}, \dfrac{3\pi}{2}, \dfrac{5\pi}{2}, \cdots$ 时，

$$I \sim \dfrac{1}{2}I_i\left(1 \pm \dfrac{U_m}{U_\pi}\sin\omega t\right)$$

光强调制曲线(输出光强与调制电压的关系曲线 $I \sim U$)包含与正弦信号同步的频率信号，输出光强与调制信号有近似的线性关系，即线性调制。电光调制器件一般都工作在这个状态。

b&c：当 $\varphi_D = \pi, 3\pi, 5\pi, \cdots$ 和 $\varphi_D = 0, 2\pi, 4\pi, \cdots$ 时，

$$I \sim \dfrac{1}{2}I_i\left(1 \pm \dfrac{U_m}{U_\pi}\cos2\omega t\right)$$

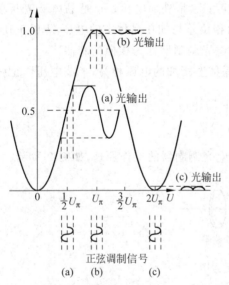

图 3　偏振光的合成与分解

图 4　PA 正交时正弦信号的电光调制曲线

光强调制曲线包含正弦信号的二倍频信号。

如果在 LN 晶体上加上音频调制信号,根据傅里叶分析方法,音频信号可看成众多正弦信号的合成,上述原理和规律仍完全适用,这就是一种简便的激光音频通信设计原理。

由以上原理可知,电光调制器中直流电压 U_D 的作用,是使晶体中 x'、y' 两个偏振方向的光之间产生固定的相位差,从而使正弦调制工作在光强调制曲线上不同的工作点。

【实验内容】

本实验采用半导体激光器 650nm 的连续激光作为载波,采用 LN 晶体作为调制器,以直流电压进行预偏置处理,选择调制工作点,实现强度调制实验,并进行激光音频通信实验。

【实验装置】

LPE-Ⅱ型晶体电光效应仪、激光器、示波器、偏振片、LN 晶体等。

横向电光调制装置示意图如图 5 所示,图 6 为晶体电光效应实验仪操作面板,下面对其功能进行说明。

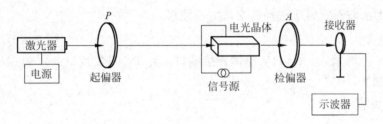

图 5　横向电光调制装置示意图

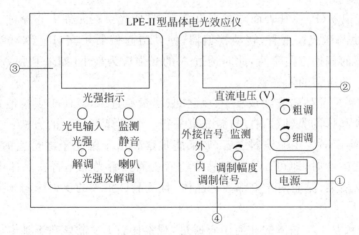

图 6　晶体电光效应实验仪操作面板示意图

① 电源:开启/关闭电源。

② 直流电压:

粗调、细调旋钮:顺时针方向旋转可调高输出电压,逆时针旋转则降低输出电压。

"输出"端只允许和 LN 晶体相接,数显表显示输出的直流电压值。

③ 光强及解调:

光电输入:和光电探头相接;

光强—解调：指向 光强 时，光电探头将接收到的光强信号转换成相应的电压信号送入数显光强输入表，用于测量接收到的光强；指向 解调 时，电压信号送入内置功放，推动喇叭。

静音—喇叭：用于连接或断开喇叭，静音 为断开，喇叭 为接通。

监测 为连接示波器用，为示波器提供由光电探头所接收的光强转换为电压后的信号。

④ 调制信号：

内—外：信号源开关，用于选择内部 400Hz 的正弦波或 外接信号 处送入的其他电信号。

调制幅度：用于把所选择的电信号通过衰减后送入内置放大器，经过内部放大和直流部分输出的直流电压相叠加，由"输出"端输出，只允许和 LN 晶体相接。

监测：供示波器观察所选择的交流电压波形。

后面板包含：

1. AC220 电源输入。2. HV 晶体连接端口。3. PC 采集接口。4. 外接有源音箱。

【实验步骤】

1. 光路调节

（1）调整激光器使光束与光具座导轨基本平行，注意光束空间位置应使光具座上其他部件有调节余地。

（2）调整起偏器（P）使其表面与激光束垂直，且使光束在元件中心穿过。再调整检偏器（A），使其表面也与激光束垂直，转动检偏器，使其与起偏器正交（P⊥A），即使检偏器的偏振方向与起偏器的偏振方向垂直，此时透过 A 的光强应为最小（如果 P 和 A 都是理想的话，则应无光通过），即所谓的消光状态。

（3）将装有 LN 晶体的支架放在 P、A 之间（尽量靠近 A，以便于观察锥光干涉图），调节 LN 支架，使 LN 晶体的光轴（z 轴）与激光束平行。判断是否平行的方法：①在晶体盒前端插入毛玻璃片，将像屏放在检偏器之后，如果能观察到由于锥光干涉产生的十字阴影，且激光束大致处在正中心时，即可；②观察晶体前后表面查看光束是否在晶体中心，若没有，细调晶体的二维调整架，保证使光束都通过晶体，且从晶体出来的反射像与半导体的出射光束重合即可。

（4）使激光束从 LN 晶体的几何中心通过，观察比较 LN 晶体在不加电场（单轴晶体）和加电场后（双轴晶体）的锥光干涉图样变化。

方法：在晶体盒前端插入毛玻璃片，检偏器后放上像屏。光强调到最大，此时晶体偏压为零。这时可观察到晶体的单轴锥光干涉图，即一个典型的带黑十字的一组同心圆环干涉条纹，它将整个光场分成均匀的四瓣，如果不均匀可调节晶体上的调整架。如图 7 所示，单轴晶体的锥光干涉图中，黑十字代表 P、A 的消光方向，圆环表示沿一圆锥面上各直线以相同角度入射的光经晶体后相位差相同。入射角不同位相差不同，形成一组同心干涉圆环。进一步调整晶体位置使出射光点处于十字中心。旋转起偏器和检偏器，使其偏振方向相互平行，此时所出现的单轴锥光图与偏振片垂直时是互补的，如图 8 所示。

将 LN 晶体与晶体电光效应仪后面板的高压输出端用同轴电缆相连,调节 粗调 旋钮,缓慢增加 LN 晶体上的直流电压,观察"锥光"干涉图变化。LN 晶体加电场后呈现双轴锥光干涉图,说明单轴晶体在电场作用下变成双轴晶体,即电致双折射。其鲜明的特征是有一对"猫眼",这正是晶体两条光轴的方位,如图 9(a)所示。改变晶体所加偏压极性,锥光图旋转 90°,如图 9(b)所示。只改变偏压大小时,干涉图形不旋转,只是双曲线分开的距离发生变化。这一现象说明,外加电场只改变感应主轴方向的主折射率的大小,折射率椭球旋转的角度和电场大小无关。

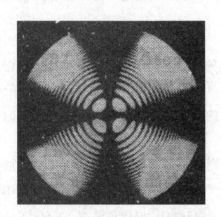

图 7　晶体的单轴锥光干涉图

图 8　晶体的单轴锥光干涉图

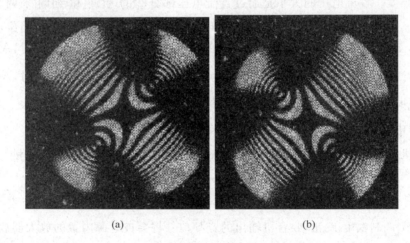

(a)　　　　　　　　　(b)

图 9　晶体的双轴锥光干涉图

(5) 调整偏振器 P、A,使它们的偏振方向分别与 LN 电光晶体的 x、y 轴平行,即与 LN 晶体的感应主轴 x'、y' 成 45°夹角。

方法:取出毛玻璃,撤走白屏,接收器对准出光点,给 LN 晶体加 100~200V 的直流电压,然后将偏振器 P、A 向同一方向转过同样的角度,直到通过 A 的光强为最小时为止,记录此时 P 和 A 刻度盘上的刻度值。在此状态下,外加直流电压的变化不能改变透过 A 的光强。这样 P 和 A 的偏振方向与 LN 晶体的感应主轴 x'、y' 平行。当需要测量通过 A 的输出

光强 I 随 U_D 变化的关系时,只需将 P 和 A 向同一方向旋转 45°,即 P 和 A 平行于 LN 晶体的 x、y 轴。

2. 单轴晶体的直流电光调制,测定半波电压

方法:将偏振器 P 和 A 向同一方向旋转 45°,使 P 和 A 的偏振方向平行于 LN 晶体的 x、y 轴,即与感应 x'、y' 成 45°。将光电探测器置于 A 后的光路中,连线接于③的 光电输入 端,开关指向 光强 。给 LN 晶体施加直流电压,由 0 到 570V,步长为 40~50V,记录相应的出射光光强数值,作相应的光强调制曲线。光强最大值对应的电压就是半波电压 U_π(实验中由于工作环境等因素,如电压不稳定,会对光源产生影响,加直流电压会出现微小的误差,但用交流和直流电压叠加做此实验结果会更准确)。

3. 单轴晶体的正弦电光调制

在 P 和 A 的偏振方向与 LN 晶体的 x、y 轴平行的状态下,给 LN 晶体同时施加横向直流电压和较弱的正弦交流(400Hz 左右)电压。调节直流电压值,改变调制器的工作点,用示波器观察输出信号的特点。尤其是在 $\varphi_D = \frac{1}{2}\pi$ 时的线性调制部分及在 $\varphi_D = 0, \pi$ 时的倍频输出信号。

方法:LN 晶体与调制信号④的输出相连接,调制信号的输出为在直流电压上叠加有 400Hz 的交流正弦电压。 监测 端和双踪示波器的一个通道相接;光强显示③部分的 监测 和示波器的另一个通道相接; 内—外 开关置于 内 。 调制幅度 旋钮可改变 400Hz 正弦波信号的输出幅度。直流电压的大小是通过直流电压部分②的 粗调 和 细调 来调节的,数显表显示其值。示波器的输入选择置于交流(AC)处,适当调节示波器的衰减挡位,观察调节直流电压时,工作点随之变化,透过 A 的光强的变化情况。当直流电压为零时,A 的输出为倍频信号;当电压信号为 $\frac{1}{2}U_\pi$ 时,A 的输出为线性放大信号;当电压为 U_π 时,A 的输出为倍频信号(此时所加直流电压就是半波电压)。

4. 利用电光调制进行音频激光通信的实验模拟

用收音机的输出信号对电光晶体进行调制,改变工作点,监听音乐播放质量。利用遮光和通光体会激光通信原理。

方法:将收音机的输出信号用专用电缆线接到 外接信号 输入端, 内—外 开关置于 外 ,适当调节 调制幅度 旋钮,收音机输出的音频信号将会被电源内置的放大器放大后和直流电压叠加,送到输出端,施加于电光晶体 LN 上。调节直流电压值为 $U_\pi/2$ 时(即工作点位于线性调制区),光电接收器将接收到的光强转化为相应的电压并送到接收信号的光电输入端, 光强—解调 开关指向 解调 , 静音—喇叭 开关指向 喇叭 (电压经内置功率放大后,推动喇叭),可在示波器上看到音频信号的波形,同时听到收音机的音频信号。改变直流电压,监听音频信号的失真情况。

【注意事项】

1. 开机、关机前及更换 LN 晶体所加电压时,应将②中的电压调节旋钮逆时针旋到底,

使②的数显表指示为零,避免触电。

2. 连接晶体的电缆线头不允许短接,避免造成仪器短路。

3. 220V、50Hz电源应稳定,如果有较大的波动,需配置交流稳压器。房间内不能有强空气对流,否则会引起氦氖激光器输出功率的波动,对测量半波电压不利。

4. 所有光学元件的两通光端面不能用手触摸,如发现有积尘,可用洗耳球吹掉。

【思考题】

1. 铌酸锂在施加电场前后有什么不同?是否都存在双折射现象?

2. 半波电压如何测量?本试验有几种测量的方法?操作有什么特点?

3. 从加直流电压前后屏上显现的晶体出射光强的变化,可判定晶体产生电光效应,其理由何在?

4. 电光晶体调制器应满足什么条件方能使输出波形不失真?

5. 为什么1/4波片也可以改变电光晶体的工作点?

实验26 红外技术基础研究

【实验目的】

1. 了解半导体基础知识。
2. 测量红外发射管和接收管的伏安特性。
3. 测量部分材料的红外特性。

【实验仪器】

红外通信特性实验仪(红外发射装置、红外接收装置、测试平台(轨道)以及测试镜片)。

【实验原理】

1. 半导体

自然界存在着许多不同的物质,根据其导电性能的不同,可分为导体、绝缘体和半导体三大类。而半导体又分为本征半导体、杂质(掺杂)半导体两种。

本征半导体指纯净的、不含杂质的半导体。常用的半导体材料有两种:硅(Si)、锗(Ge),其原子最外层电子都是4个。半导体经过提炼成为原子排列规律整齐的晶体结构,各原子利用共价键构成了本征半导体结构。这种稳定的结构使得本征半导体常温下不能导电,呈现绝缘体性质。当有外界激励时,一些价电子可以获得足够的能量,挣脱共价键的束缚成为自由电子,而在原共价键的位置留下一个相当于带有单位正电荷的空位(空穴),这称为本征激发,如图1所示。电子可以自由移动,空穴也可移动(邻近电子的依次填充)。所以半导体内部存在两种载流子:电子(负电荷)、空穴(正电荷)。本征半导体的导电能力较差,温度升高时会增强。

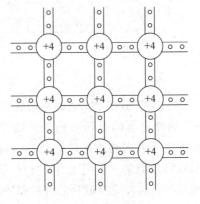

图1 本征激发示意图

杂质半导体指在本征半导体中掺入少量的其他特定元素(称为杂质)而形成的半导体。

常用的杂质材料有五价元素磷(P)和三价元素硼(B)。根据掺入杂质的不同,杂质半导体又分为 N 型半导体和 P 型半导体。

在四价的本征硅或锗中,掺入微量的五价杂质元素,如磷。磷原子最外层有 5 个价电子,因此用 4 个价电子和它相邻的硅原子构成共价键后,多余的一个价电子很容易受激发脱离原子核束缚而成为自由电子;同时磷原子失去一个电子成为带正电的离子。因此,每掺入一个杂质原子,就相当于掺入了一个自由电子,掺杂浓度越高,提供的自由电子就越多。以自由电子为主要载流子的半导体称为 N 型半导体,其内部存在大量的电子和少量的空穴,电子属于多数载流子(简称多子),空穴属于少数载流子(简称少子)。

在四价的本征硅或锗中,掺入微量的三价杂质元素,如硼(B)。三价硼原子的最外层有 3 个价电子,和相邻的 3 个硅原子组成共价键后,还缺一个价电子不能组成共价键,因此会出现一个空位,即空穴,这样邻近原子的价电子就可以跳过来填补这个空位,使得硼原子成为带负电的离子。因此每掺入一个硼原子就相当于掺入了一个能接收电子的空穴。以空穴为主要载流子的半导体称为 P 型半导体,其内部存在大量的空穴和少量的电子,空穴属于多数载流子(简称多子),电子属于少数载流子(简称少子)。

2. 半导体二极管

将一块 P 型半导体和一块 N 型半导体有机结合在一起,其结合部就叫 PN 结(该区域具有特殊性质)当两种半导体结合在一起时,因为浓度的差异,N 区的电子向 P 区扩散,P 区的空穴向 N 区扩散,扩散到对方区域后和对方的多子复合,在 P 区和 N 区交界处就剩下了带电的离子,N 区形成正离子区,P 区形成负离子区,合称为空间电荷区。空间电荷区内有从 N 指向 P 的电场,称为内场。内场会对多子的扩散起阻碍作用,同时对少子进行加速。当多子的扩散和少子的漂移达到平衡时,空间电荷区的厚度和内场都不再发生变化,这个空间电荷区称为 PN 结,厚度在微米量级。如图 2 所示。

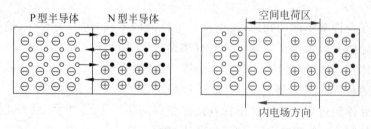

图 2　PN 结

二极管是在 PN 结的两端各引出一个电极并用外壳封装而构成的。发光二极管:当给 PN 结加上与内电场方向相反的外部电压时,结区变窄,在外电场作用下,P 区的空穴和 N 区的电子就向对方扩散运动,从而在 PN 结附近产生电子与空穴的复合,并以热能或光能的形式释放能量。采用适当的材料,使复合能量以发射光子的形式释放,就构成发光二极管,发光的颜色与发光二极管的材料和掺杂元素有关。常见的红外光二极管是砷化镓发光二极管。

光电二极管:当给 PN 结加上与内场方向相同的外部电压时,结区变宽,多子被限制扩散,只有很小的暗电流。当 PN 结受光照射时,价电子吸收光能后挣脱价键的束缚成为自由电子,在结区产生电子—空穴对,在电场作用下,电子向 N 区运动,空穴向 P 区运动,形成光电流。这样的二极管称为光电二极管。

本实验用 PIN 型光电二极管作光电转换。它与普通光电二极管的区别在于在 P 型和 N 型半导体之间夹有一层没有渗入杂质的本征半导体材料,称为 I 型区。这样的结构使得结区更宽,结电容更小,可以提高光电二极管的光电转换效率和响应速度。

3. 二极管的伏安特性

二极管两端电压与流过电流之间的关系称为伏安特性。当二极管 P 端接正极,N 端接负极时,外加电压与内场方向相反,削弱内场影响,使得 PN 结变窄,有利于多子扩散,形成较大的扩散电流,它随着正向电压的增加而快速增加(见图 3),这种状态称为正向导通状态。发光二极管即在正向导通状态下工作。

当二极管 P 端接负极,N 端接正极时,外加电压与内场方向相同,增强了内场效果,多子将在内外场共同作用下沿扩散的反方向运动,使得 PN 结变宽,多子扩散被阻止。同时少子的漂移运动被加速。少子是由热激发而产生的,浓度很低,当反向电压不太高时,几乎所有的少子都参与了导电,反向电压增加时反向电流不再增加(见图 4),称为反向饱和电流。当入射光强增大时,饱和电流随之增大。常温下反向电流很小,PN 结呈现高阻状态,即反向截止状态。光电二极管即在反向偏置下工作。

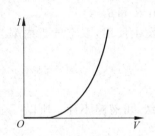
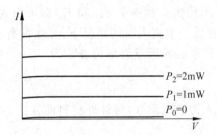

图 3　正向导通状态伏安特性曲线　　　　图 4　反向饱和状态伏安特性曲线

4. 红外材料

光在实际的红外材料中传播时,光波中的电位移矢量会使材料中的带电粒子发生极化,并作受迫振动,使得一部分光能转化为带电粒子的极化振动,如果这种振动和其他的电子、原子或分子发生作用,则振动能量又转化为它们的平均动能,使得材料的温度有所变化,形成对光的吸收。

假设强度为 I_0 的光垂直入射进入材料表面(不考虑反射)。(见图 5)如果有吸收,经过 x 距离后光强变为 I,从 x 起再经过 $\mathrm{d}x$ 距离,吸收的光强 $\mathrm{d}I$ 与 $\mathrm{d}x$ 和 I 成正比,可表示为

$$\mathrm{d}I = -\beta I \mathrm{d}x$$

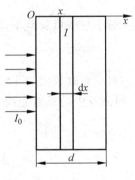

图 5　光入射材料表面

式中,β 为吸收系数;"-"号表示光强在减小。

$$\frac{\mathrm{d}I}{I} = -\beta \mathrm{d}x$$

当光线经过厚度为 d 的材料:

$$\int_{I_0}^{I} \frac{\mathrm{d}I}{I} = \int_{0}^{d} -\beta \mathrm{d}x$$

积分可得：$I=I_0\mathrm{e}^{-\beta d}$，即朗伯定律。

设红外镜片的两个界面分别为 A 和 B，其反射率为 R_a，R_b，透过率为 T_a，T_b，入射光强为 I_0。多次反射和透射如图 6 所示，为了看清图中光路用倾斜入射表示，实际情况为近乎垂直入射。

设 $R_a=R_b=R$ 且 $T=T_a=T_b=(1-R)$

反射光强：
$$I_R = I_0(R + T^2\mathrm{e}^{-2\beta d} + T^2R^3\mathrm{e}^{-4\beta d} + T^2R^5\mathrm{e}^{-6\beta d} + \cdots)$$

透射光强：
$$I_T = I_0(T^2\mathrm{e}^{-\beta d} + T^2R^2\mathrm{e}^{-3\beta d} + T^2R^4\mathrm{e}^{-5\beta d} + \cdots)$$

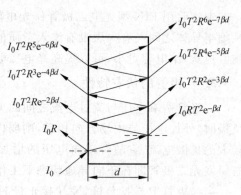

图 6　多次反射与透射

求和可得

$$\frac{I_R}{I_0} = R + \frac{T^2 R \mathrm{e}^{-2\beta d}}{1 - R^2 \mathrm{e}^{-2\beta d}} = R + \frac{(1-R)^2 R \mathrm{e}^{-2\beta d}}{1 - R^2 \mathrm{e}^{-2\beta d}} \tag{1}$$

$$\frac{I_T}{I_0} = \frac{T^2 \mathrm{e}^{-\beta d}}{1 - R^2 \mathrm{e}^{-2\beta d}} = \frac{(1-R)^2 \mathrm{e}^{-\beta d}}{1 - R^2 \mathrm{e}^{-2\beta d}} \tag{2}$$

理论上，由实验测得 I_T、I_0 和 I_R，即可由式(1)，式(2)解出 R 和 β。

在近乎垂直入射的情况下，光在两种介质的交界面发生反射，取空气折射率为 1，镜片折射率为 n，界面反射率可表示为

$$R = \frac{(1-n)^2 + k^2}{(1+n)^2 + k^2}$$

其中，k 为消光系数，对红外材料而言在 $10^{-6} \sim 10^{-9}$ 的量级，可忽略不计。所以

$$R = \frac{(1-n)^2}{(1+n)^2}$$

由此可算出

$$n = \frac{1+\sqrt{R}}{1-\sqrt{R}} \tag{3}$$

对于衰减可忽略不计的红外光学材料，$\beta=0$，$\mathrm{e}^{-\beta d}=1$，此时，由式(1)可解出

$$R = \frac{I_R/I_0}{2 - I_R/I_0} \tag{4}$$

对于衰减较大的非红外光学材料，可以认为多次反射的光线经材料衰减后光强度接近零，对图 6 中的反射光线与透射光线都可只取第一项，此时

$$R = \frac{I_R}{I_0} \tag{5}$$

$$\beta = \frac{1}{d}\ln\frac{I_0(1-R)^2}{I_T} \tag{6}$$

【实验步骤】

将红外发射器连接到发射装置的"发射管"接口，接收器连接到接收装置的"接收管"接口(在所有的实验进行中，都不取下发射管)，二者相对放置。连接电压源输出到发射模块信号输入端 2(注意按极性连接)，向发射管输入直流信号。

1. 发光二极管的伏安特性与输出特性测量

将红外发射器与接收器相对放置，微调接收端受光方向，使显示值最大。将发射系统显

示窗口设置为"发射电流";调节电压源,改变发射管电流,记录发射电流,将发射系统显示窗口切换到"正向偏压",记录与发射电流对应的发射管两端电压。

以表1数据作发光二极管的伏安特性曲线:

表1 发光二极管伏安特性

正向偏压/V										…
发射管电流/mA										…

2. 光电二极管伏安特性的测量

连接方式同实验1。调节发射装置的电压源,使光电二极管接收到的光功率 $P=0,1,2,3$(mW)。调节接收装置的反向偏压,切换显示状态,记录不同反向偏压下对应的光电流。

以表2数据作光电二极管的伏安特性曲线:

表2 光电二极管伏安特性

反向偏置电压/V		0	0.5	1	2	3	4	5
$P=0$	光电流/μA							
$P=1$mW								
$P=2$mW								
$P=3$mW								

3. 部分材料的红外特性测量

将发射系统显示窗口设置为"电压源",接收系统显示窗口设置为"光功率计"。在电压源输出为0时,若光功率计显示不为0,即为背景光干扰或0点误差,记下此时显示的背景值,以后的光强测量数据应是显示值减去该背景值。

调节电压源,使初始光强 $I_0>4$mW,微调发射器出光与接收器受光方向,使显示值最大。

按照表3样品编号安装样品(样品测试镜厚度都为2mm),微调样品方向,使显示值最大,测量透射光强 I_T。将接收端红外接收器取下,移到紧靠发光二极管处安装好,微调样品入射角与接收器方位,使接收到的反射光最强,测量反射光强 I_R,将测量数据记入表3中。

表3 部分材料的红外特性测量　　　初始光强 $I_0=$ 　(mW)

材料	样品厚度/mm	透射光强 I_T/mW	反射光强 I_R/mW	反射率 R	折射率 n	衰减系数 β/(mm^{-1})
测试镜01						
测试镜02						
测试镜03						

对衰减可忽略不计的红外光学材料(1#、2#镜片),用式(4)计算反射率,式(3)计算折射率。对衰减严重的材料(3#镜片),用式(5)计算反射率,式(6)计算衰减系数,式(3)计算折射率。

4. 音频信号传输实验

将发射装置"音频信号输出"接入发射模块信号输入端;将接收装置"接收信号输出"端

接入音频模块音频信号输入端；倾听音频模块播放出来的音乐。定性观察位置没对正、衰减、遮挡等外界因素对传输的影响。

【注意事项】
1. 发射管与接收管须同轴，应反复微调发射管与接收管，使显示值最大。
2. 注意保护透镜，勿用手指或其他物品接触镜头光学表面。
3. 作图请用坐标纸，并按要求认真完成。

【预习题】
1. N型半导体特点？
2. P型半导体特点？
3. PN结是怎么形成的？
4. 发光二极管的发光原理是什么？
5. 光电二极管是怎样形成光电流的？

实验27　光电信息处理

【前言】

光电信息技术是伴随着光学、光电子、半导体物理、微电子等科学技术领域的发展而形成的综合性技术，涉及光电信息的转换、传输、存储、处理、显示等内容，其在21世纪信息时代扮演着不可或缺的角色，在国民生活和生产中有着广泛的应用。

本实验我们利用光电检测与信息处理综合实验平台，开展光电转换、信息控制、光电检测等实验内容，实验系统采用模块组合方式，可以进一步组合、拓展实验内容。本次实验包含光电密码锁和光电式直流电机测速两项内容，使学生了解各种光电器件的基本原理及其简单的操作应用。

实验项目一　光电密码锁实验

【实验目的】

了解各种光电器件的特性及原理，掌握其使用方法。

【实验原理】

1. PN结单向导电原理

以下我们简单介绍PN结单向导电原理，示意图如图1所示。

我们把导电性能介于导体和绝缘体之间的材料称为半导体材料，其主要是由元素周期表的ⅡB族至ⅣA族的元素或其化合物组成。根据半导体中主要载流子的类型，半导体分为N型半导体和P型半导体，N型半导体其自由电子浓度远大于空穴的浓度，主要靠自由电子导电，例如在纯净的硅晶体中掺入五价元素（如磷），使之取代晶格中硅原子的位置，就形成了N型半导体；P型半导体其空穴浓度远大于自由电子浓度，主要靠空穴导电，如在纯净的硅晶体中掺入三价元素（如硼），使之取代晶格中硅原子的位子，就形成P型半导体。如果在一个纯净的半导体材料两边掺入不同的杂质元素，使一边为P型，另一边为N型，在两部分的接触面上就会形成一个特殊的区域，称之为PN结。PN结具有单向导电特性，是各种半导体器件的基础。

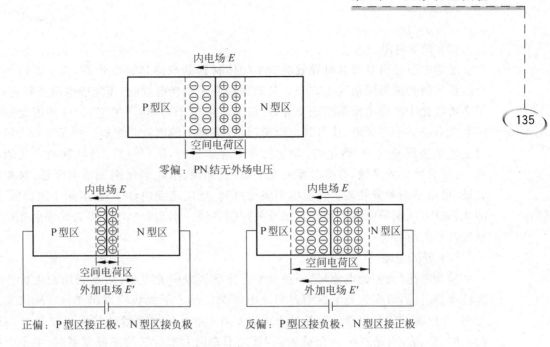

图 1　PN 结单向导电原理示意图

PN 结两边区域的载流子性质及浓度均不相同,于是会形成电子和空穴的扩散运动。如图 1 所示,P 型区的空穴向 N 型区扩散,因空穴带正电,P 型区因失去空穴而带负电;而 N 型区的电子向 P 型区扩散,因失去电子而带正电,于是在 P 区和 N 区交界处形成势垒,即一个内电场,内电场的方向由 N 区指向 P 区。在内电场的作用下,电子将从 P 区向 N 区作漂移运动,空穴则从 N 区向 P 区作漂移运动,因此内电场将会阻止扩散运动的继续进行,经过一段时间后,扩散运动与漂移运动达到相对平衡状态,在 PN 结两侧形成一个耗尽区,也称空间电荷区。当 PN 结反偏时,即 P 区接电源负极,N 区接电源正极,外加电场与内电场方向一致,耗尽区在外电场作用下变宽,使势垒加强,当 PN 结正偏时,外加电场与内电场相反,耗尽区在外电场作用下变窄,势垒削弱,使载流子扩散运动继续,进而形成电流,此即 PN 结的单向导电原理,电流方向从 P 指向 N。

2. 光电器件原理

下面我们介绍本实验中所使用的光电器件及其特性和工作原理。

(1) 发光二极管

发光二极管(LED:Light Emitting Diode)是一种能把电能直接转换为光能的固体半导体器件,一般是由 P 型和 N 型半导体烧结形成,其核心是 PN 结。当加载正向偏压时,在 PN 结附近电子和空穴复合,能量以光子的形式辐射出,实现电能向光能转化。不同半导体材料中的电子和空穴的能量状态不同,当电子和空穴复合时,所释放的能量大小也不同,因此发出光的波长不同,比如 GaN(氮化镓)发蓝光,GaP(磷化镓)发绿光,GaAs(砷化镓)发红光。发光二极管输出光的功率与驱动电流近似呈线性关系,这是因为驱动电流与注入 PN 结的电荷数成正比,而输出光的功率与注入的电荷数成正比。LED 被称为第四代光源,具有节能、环保、安全、低功耗、低热等优点,广泛应用于各种指示、显示、背光源、普通照明等领域。本实验面板上的指示灯都是 LED 光源。

(2) 光敏电阻

光敏电阻是由具有光电导效应的半导体材料制成的光敏传感器,其主要特性是电阻值会随着入射光的强弱而发生改变。其原理是基于内光电效应,当光敏电阻受到光照射时,电子会吸收光子能量由价带跃迁至导带,成为自由电子,同时产生空穴,这些因光照产生的电子空穴对都会参与导电,使得其电阻值降低,电路中的电流会增加。用于制造光敏电阻的材料主要是金属硫化物、硒化物、锑化物等半导体材料,所用材料不同,其响应光的波长也不同,有些对可见光灵敏,有些对紫外光灵敏,比如硫化镉、硒化镉光敏电阻器,对紫外线比较灵敏,可用于探测紫外线。光敏电阻灵敏度高,反应速度快,可广泛应用于照相机、手机自动测光,光控灯、电子验钞机等光自动开关控制领域。本实验中用外界光源照射光敏电阻可以触发其开关信号。

(3) 硅光电池

硅光电池(太阳能电池)是一种由半导体硅制成的光电器件,其利用光生伏特效应把光能转变为电能,可作为光电探测器和光电能源使用。下面我们以单晶硅 PN 结太阳能电池为例,介绍其结构及原理。单晶硅 PN 结太阳能电池是由 P 型硅基片和较薄 N 型硅受光层构成的 PN 结,当光照在 N 型硅表面,且光子能量大于材料的禁带宽度时,电子会吸收光子能量从价带跃迁至导带,在 PN 结内产生电子空穴对。如果外电路处于开路状态,这些光生电子空穴会在 PN 结附近累积,这样会产生一个电动势,可以作为电池使用;当形成闭合回路时,就会在回路中产生光电流,光电流的大小与入射光强度有关,当硅光电池外加正向偏压并有光照时,其电流的特性为

$$I = I_S(e^{\frac{eV}{KT}} - 1) + I_P$$

式中,I_S 为饱和电流;V 为 PN 结两端正向偏压;T 为绝对温度;I_P 为因光照而产生的光电流。当光电池处于零向偏压时,$V=0$,流过 PN 结的电流 $I=I_P$。本实验由光照射硅光电池来触发电信号。

(4) 反射式和对射式光电开关

反射式和对射式光电开关是利用被检测物体对光束的反射或遮挡,来同步回路中的电流信号,进而实现对目标物体的探测。这类光电开关一般都由信号发射器和接收器两部分组成,将输入电流在发射器上转换为光信号发射出去,接收器再根据接收到的光线强弱或有无,实现探测功能。发射器一般发射波长接近可见光的红外线光波,接收器一般是光敏元件构成。

反射式光电开关是一种集发射器和接收器于一体的传感器。当有被检测物体经过时,物体会反射光电开关中发射器发出的光线,当有足够多的反射光被接收器接收时,就会触发光电开关的开关信号。对射式光电开关由相互分离的发射器和接收器两部分组成,且发射器和接收器的光轴相对放置,发射器发出的光线可直接照射到接收器上,当被检测物体通过发射器和接收器之间,光束被阻断时,光电开关就产生了开关信号。对射式开关常用于辨别不透明物体。

(5) 光电耦合器

光电耦合器是以光为媒介实现电信号的耦合和传递,即电—光—电的信号转换。光电耦合器一般由发光器件和受光器件两部分组成,发光器和受光器密封在同一壳体内,彼此间用透明绝缘物质隔离开。发光器为输入端,使用时将电信号送入发光器件,实现电信号转换

为光信号,光信号又由受光器接收,受光器将光信号再转为电信号输出。常见的发光器件为发光二极管,受光器为光敏元件(光敏电阻、光电池等)。

3. 光电密码锁实验原理

本实验所使用的光电开关传感器包括光敏电阻、硅光电池、反射式开关、对射式开关、光电耦合器,利用各个光电器件的光电特性,即有无光照对应电信号通断的输出特性,经由光控操作实现信息的输入,即将信息的输入由单片机的按键置入转变为光控输入。实验前单片机内预先设定好密码,然后通过对光电传感器进行照光或者遮光动作,经由光电传感器将有无光照的信息转化为通断的电信号信息,实现密码信息的输入,若信息输入正确则实验成功。下面简单介绍各个光电开关的工作原理,各器件电路图如图2所示。

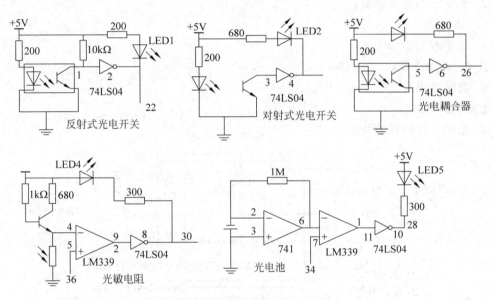

图 2　光电密码锁硬件原理图

(1) 当反射式光电开关前无障碍物时,其接受器接收不到发射器发射的光信号,处于断路状态,其输出为高电平,经74LS04反相器后22脚为低电平,此时LED1发光;当用障碍物遮挡反射式光电开关时,光信号经障碍物反射后被接收器接收,接收器处于导通状态,22脚输出为高电平,LED1不发光(22脚为单片机的输入)。

(2) 对射式光电开关,在发射器和接收器之间无障碍物时,接受器可以接收由发射器发射的光线,此时接收器处于导通状态,输出低电平,经74LS04反相器后24脚为高电平,LED2不发光;当在发射器和接收器中间放置遮挡物,将两者之间光信号阻断时,接收器处于断路状态,24脚输出低电平,LED2发光(24脚为单片机输入)。

(3) 光电耦合器的发光器与接收器之间无障碍物时,接收器导通,其输出为低电平,经74LS04反相器后,26脚为高电平,LED3不发光;当光电耦合器的发光器与接收器之间有障碍物时,接收器不导通,26脚输出低电平,LDE3发光(26脚为单片机的输入)。

(4) 用光照射光电池,光电池两端会产生光生电动势,经741放大器放大后加至比较器LM339的6脚(负输入端),比较器输出低电平,经74LS04反相器后28脚为高电平,LED5不发光;当没有光照时,光电池不产生光生电动势,比较器输出为高电平,28脚电压为低,

LED5 发光。比较器 7 脚(正输入端)悬空,也可与 34 脚相连,接可调电源,改变比较阈值来调节实验板光照强度的感应灵敏度(28 脚为单片机的输入)。

(5) 光敏电阻不加光照,其暗阻高,比较器 LM339 的 4 脚(负输入端)为高电平,因此其 9 脚输出低电平,经 74LS04 反相器后 30 脚为高电平,LED4 不发光;当有光线照射光敏电阻时,其亮阻小,比较器 LM339 的 4 脚(负输入端)为低电平,9 脚为高电平,再经 74LS04 反相器后,30 脚输出低电平,LED4 发光。比较器 5 脚(正输入端)悬空,也可与 38 脚相连接可调电源,改变比较阈值来调节实验板光照强度的感应灵敏度(30 脚为单片机的输入)。

【实验仪器】

1. 光电检测与信息处理实验平台;
2. 光电密码锁实验板;
3. LED 光源;
4. 导线若干;
5. 10 芯扁平线;
6. 遮光金属片。

【实验步骤】

1. 按图 3 连接实验线路。

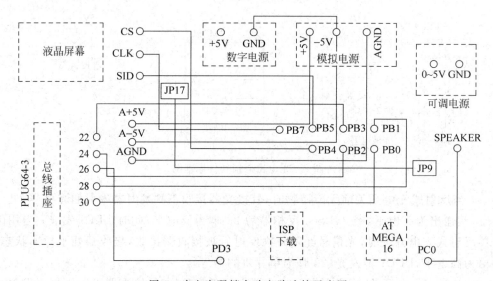

图 3 光电密码锁实验电路连接示意图

(1) 将"光电密码锁实验板"插在"光电检测与信息处理实验平台"总线模块上的 PLUG64-1、PLUG64-2、PLUG64-3 的任意位置上;

(2) 将模拟电源模块的 +5V、−5V、AGND 与总线模块的 A+5V、A−5V、AGND 分别相连,即:(+5V—A+5V)、(−5V—A−5V)、(AGND—AGND);电源模块的模拟地和数字地相连接;将总线模块的 22、24、26、28、30 分别和单片机模块的 PB3、PB2、PD3、PB1、PB0 相连,即(22—PB3)、(24—PB2)(26—PD3)(28—PB1)(30—PB0);PB4、PB5、PB7 分别连接 CS、SID、CLK,即(PB4—CS)、(PB5—SID)、(PB7—CLK);连接 JP17 和 JP9,单片机模块的 PC0 接 SPEAKER 接线端子。

2. 打开电源,液晶提示按"S2"进入光电密码锁实验,此时液晶显示"请输入密码 0000"为等待密码输入状态,返回键为"S9"。单片机的密码为"4321",下面将依靠光信号来将密码 4321 输入单片机,具体步骤如下:

(1) 反射器前挡四下遮光片,可输入千位密码 4,液晶显示"请输入密码 4000";

(2) 对射器中间挡三下遮光片,可输入百位密码 3,液晶显示"请输入密码 4300";

(3) 用光照射光电池两次,可输入十位的密码,液晶显示"请输入密码 4320";

(4) 用光照射光电池一次,可输入个位的密码,液晶显示"请输入密码 4321";

(5) 各位置密码可循环输入,在密码输入完毕后,用遮光片挡下光电耦合器,表示确定当前密码输入;当输入的 4 位数字与单片机设定的密码一致时,表示解锁成功,此时喇叭会响起优美的音乐。

3. 实验流程如图 4 所示。

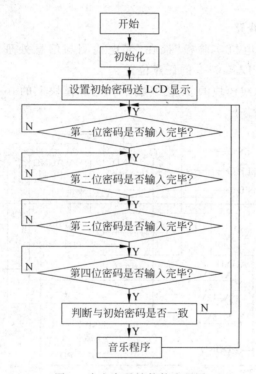

图 4　光电密码锁软件流程图

实验项目二　光电式直流电机测速实验

【实验目的】

了解光电耦合器工作原理及开关特性,掌握用光电耦合器测量直流电机转速的原理及方法。

【实验原理】

1. 光电耦合器(见光电密码锁部分)。

2. 光电式直流电机测速实验原理

直流电机转速与所加载的电压成单调关系。本实验用滑动电阻电源给电机供电,调节滑动变阻器可以改变控制电压,进而调节控制电机转速。测速系统的前端由光电耦合器与

4叶片栅格圆盘组成。直流电机转动带动栅格圆盘旋转,当叶片从光耦中间转过时,会触发光电耦合器产生一个脉冲信号,设脉冲信号的频率为f。根据栅格圆盘上有4个叶片,电机转一圈会产生4个脉冲信号,因此可得转速计算公式为

$$n = \frac{f}{4} \times 60, \quad 即 15f(\text{RPM 每分钟转的圈数})$$

这些脉冲信号会经过单片机计算后将电机的转速结果显示在液晶屏幕上。

【实验仪器】

1. 光电检测与信息处理实验台;
2. 光电式直流电机测速实验板;
3. 导线若干;
4. 10芯扁平线。

【实验步骤】

1. 按图5连接实验线路。

(1) 将"光电式直流电机实验板"插在"光电检测与信息处理实验台"总线模块上的PLUG64-1、PLUG64-2、PLUG64-3的任意位置。

(2) 用连接导线将总线模块的38接线端子和电源模块上的0~5V可调电源相连;用另一根导线连接40接线端子。

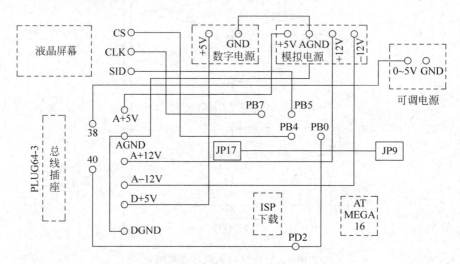

图5 光电式直流电机测速实验硬件连接图

2. 打开电源,液晶提示按"S3"进入光电式直流电机测速实验,然后按"S11"进行速度测量。

3. 调节电压,观测计算机电机速度。

【注意事项】

1. 实验线路连接完成后,经教师检查完毕方可通电进行实验。
2. 光电密码锁实验时,尽量避免室内外环境光对实验的影响。

【预习思考】

1. 什么是N型半导体,P型半导体以及PN结?

2. PN 节单向导电原理是什么?
3. 本实验用到哪些光电器件?
4. 发光二极管发光的原理是什么?
5. 光敏电阻的特性是什么?
6. 光电耦合器测量电机转速的原理是什么?

【分析讨论】
1. 实验环境中光对实验会造成哪些影响?
2. 试举例生活中常见的应用光电开关的实例。

实验 28　超声声速及空气绝热系数的测量

声波是一种在弹性媒质中传播的机械波,按频率的高低分为次声波($f<20$Hz)、声波(20Hz$\leqslant f<20$kHz)、超声波(20kHz$\leqslant f<10$MHz)和特超声波($f\geqslant 10$MHz)。本实验要测量超声波在空气中的传播速度,进而测量空气的绝热系数。超声波具有波长短、定向传播性好等优点,在媒质中的传播速度与传声媒质的特性及状态等因素有关,可以通过超声声速的测量,了解被测媒质的特性及状态的变化,在工业生产中具有一定的实际意义。

【实验目的】
1. 学习测量空气中超声声速的方法;
2. 了解声波在空气中传播速度与气体状态参量的关系。

【实验原理】

1. 超声波的产生和接收

产生超声波和接收超声波的装置被称为激发换能器和接收换能器,其主要部件是采用多晶结构的压电材料锆钛酸铅在一定温度下经极化处理制成的压电陶瓷。超声波的产生和接收分别利用压电陶瓷的正压电效应和逆压电效应来完成的。压电效应是在 1880 年由法国著名的物理学家皮埃尔·居里与雅克·保罗·居里发现的。如果对压电材料施加一个外力,其表面会产生电荷,这就是压电陶瓷的正压电效应,是一个将机械能转化为电能的过程;对压电陶瓷外加一个电场,压电陶瓷会发生微小的形变,这就是压电陶瓷的逆压电效应,是一个将电能转化为机械能的过程。常用的压电材料有石英晶体、钛酸钡和锆钛酸铅。锆钛酸铅具有很高的介电常数,工作温度可达 250℃,各项机电参数随温度和时间等外界因素的变化较小,因此,它是目前使用最普遍的一种压电材料。

压电陶瓷根据自身材料特性和结构的不同,具有特定的谐振频率。当给压电陶瓷外加交变电场的频率等于其谐振频率时,其振幅达到最大;当该压电陶瓷接收到外来声波信号频率等于其谐振频率时,输出的电信号最强。利用逆压电效应,可以把高频交变电压转化为高频率的振动,进而产生超声波。本实验中用于产生超声波的激发换能器主要由压电陶瓷管、变幅杆和相应电子线路配合组成。当压电陶瓷管上下表面之间加一交变电场时,压电陶瓷管会发生周期性的震动。当交变电场频率与陶瓷管谐振频率相同时其振幅最大,将这个振动传递给与压电陶瓷管黏结在一起的合金铝制成的阶梯形变幅杆上,变幅杆的端面在空气中激发出超声波。由激发换能器发出的近于平面波的超声波,经接收换能器反射后,波将在两个换能器端面之间来回反射并发生叠加。可以证明,在忽略能量衰减的情况下,当两个换能器端面之间的距离变化时,接收端面处的初位相也随之变化。

2. 超声声速的测量

假设在时间 t 内,超声波在空气中的传播距离为 L,则超声波在空气中的传播速度为

$$V = L/t \tag{1}$$

超声波在一个周期内,传播距离为波长 λ,所用的时间 t 为 $1/f$,f 为超声波频率,则超声波的传播速度 V 与频率 f 和波长 λ 的关系为

$$V = f\lambda \tag{2}$$

从式(2)可知,通过测定超声波的频率和波长就可以求得超声声速。

在本实验中,采用锆钛酸铅制成的压电陶瓷管,其在信号发生器产生的交变电压的驱动下产生超声波。因此,频率可以从信号发生器直接读出。

超声波的波长可以分别利用共振干涉法和位相比较法来测量。

(1) 共振干涉法

共振干涉法又叫驻波法,从激发换能器 S_1 发射出的声波,接收换能器 S_2 在接收的同时还反射一部分波。这样超声波在两个换能器端面之间来回反射且叠加,形成干涉而出现驻波共振现象。

假设从激发换能器 S_1 发射出的声波沿 x 轴正方向传播,则入射波的方程为

$$y_1 = A\cos 2\pi \left(ft - \frac{x}{\lambda}\right) \tag{3}$$

在接收换能器 S_2 反射的声波沿 x 轴负方向传播,则反射波的方程为

$$y_2 = A\cos 2\pi \left(ft + \frac{x}{\lambda}\right) \tag{4}$$

这两束波在空间某点的合振动的驻波方程为

$$y = y_1 + y_2 = \left(2A\cos \frac{2\pi}{\lambda}x\right)\cos 2\pi ft \tag{5}$$

从式(5)可知,波腹在 $x = n\frac{\lambda}{2}$ ($n = 1, 2, 3, \cdots$) 的位置上,合振动振幅最大。波节在 $x = (2n-1)\frac{\lambda}{4}$ ($n = 1, 2, 3, \cdots$) 的位置上,合振动振幅最小。在实验过程中,将接收换能器 S_2 的信号输入示波器,逐渐移动 S_2,当示波器出现最强电信号时记录 S_2 的位置。由得出的驻波方程(5)可知,连续两次最强电信号时 S_2 的位置移动的距离为 $\lambda/2$。从而可以得出波长 λ,再由式(2)求出波速。

(2) 位相比较法

位相比较法又称行波法,其基本原理是将发射波和接收波相互垂直叠加,通过观察两束波合成波形的一些特殊图像来确定这束波的波长。从激发换能器 S_1 发射出的声波在空气中传播至接收换能器 S_2 处,设 S_1 和 S_2 之间的距离为 x,则声波在发射端和接收端处的相位差为

$$\Delta\varphi = 2\pi f \frac{x}{v} = 2\pi \frac{x}{\lambda} \tag{6}$$

由式(6)可知,当 S_1 和 S_2 之间的距离 x 变化时,两端面处波的相位差 $\Delta\varphi$ 同时发生变化。$\Delta\varphi$ 的测量可以用示波器观察李萨如图形得到,将 S_1 和 S_2 的信号分别输入示波器的 X 端

和 Y 端,当相位差分别为 $\Delta\varphi=0,\pi/4,\pi/2,3\pi/4,\pi$ 时,示波器上的李萨如图形如图1所示。

图1 李萨如图形及相位差

在实验过程中,初始时刻先移动 S_2 远离 S_1,当示波器 X 端和 Y 端输入信号的相位差 $\Delta\varphi=0$ 时,在示波器上观察到的李萨如图形为斜右上方直线,记录此时 S_2 的位置坐标 x_1。然后继续缓慢移动 S_2,远离 S_1,相位差 $\Delta\varphi$ 也在随之逐渐增大,直到 $\Delta\varphi=\pi$ 时,从示波器上观察到李萨如图形变成斜右下方直线,记录此时 S_2 的位置坐标 x_2,此时 S_2 移动的距离为 $x_2-x_1=\lambda/2$。从而可以得出波长 λ,再由式(2)求出波速。

(3) 空气的绝热系数

气体的绝热系数 γ,在数值上等于其定压摩尔热容与定容摩尔热容的比值。在理想气体中,超声波的传播速度与气体的绝热系数有关,波速 V_t 和绝热系数 γ 的关系为

$$V_t = \sqrt{R\gamma T/M_{mol}} \qquad (7)$$

式中 R 为气体常数,T 为空气的热力学温度,M_{mol} 为空气的摩尔质量。

空气中超声波的传播可以认为是绝热过程。若将常温下的空气视为理想气体,则其绝热系数可表示为

$$\gamma = M_{mol}V_t^2/(RT) \qquad (8)$$

【实验仪器】

SW-1型超声声速测定仪,DCY-2型功率信号发生器,示波器,温度计等。

【实验步骤】

1. 开机等待一段时间,待信号源工作稳定后即可开始实验。

2. 将激发换能器 S_1 连接到信号发生器(选择余弦波输出模式),接收换能器 S_2 连接到示波器 Y 轴输入端。调节信号发生器的频率 f 使激发换能器处于谐振状态,这时示波器接收到的信号达到最大,此时信号发生器的输出频率即为换能器的谐振频率。

3. 实验开始和结束时,记下信号发生器的频率 f 和实验环境的室温。

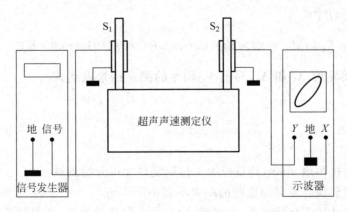

图2 实验原理图

4. 用相位法测波长

按实验原理图将激发换能器 S_1 和接收换能器 S_2 的信号分别输入示波器的 X 端和 Y 端。

缓慢移动 S_2，使示波器的图像显示为一条斜向右上方的倾斜直线。继续缓慢移动 S_2，使示波器的图像显示为一条斜向右下方的倾斜直线。每当示波器显示出倾斜直线时，就逐一记下接收换能器的相应位置，连续移动 S_2，记录示波器显示出倾斜直线时 S_2 的 20 个位置，填入以下数据表格。用逐差法处理数据。

测量次数 i	位置 L_1	测量次数 $i+10$	位置 L_2	$\lambda_i = \lvert L_{i+10} - L_i \rvert / 5$
1		11		
2		12		
3		13		
4		14		
5		15		
6		16		
7		17		
8		18		
9		19		
10		20		

温度 $T_0 = $ _____ K，$T_1 = $ _____ K。

频率 $f_0 = $ _____，$f_1 = $ _____。

【数据处理】

1. 计算超声声速

由超声波的波长 $\bar{\lambda} = (\Sigma\lambda_i)/10$，频率 $\bar{f} = \frac{1}{2}(f_\text{始} + f_\text{末})$ 可计算出超声波的传播速度 $\overline{V_t} = \bar{f} \cdot \bar{\lambda}$。

2. 计算空气绝热系数

$\bar{\gamma} = M_\text{mol}\overline{V_t}^2/(R\bar{T})$，

$\bar{T} = \frac{1}{2}(T_\text{始} + T_\text{末})$，$M_\text{mol} = 29 \times 10^{-3}$ kg/mol，$R = 8.3145$ J/(mol·K)。

3. 估计不确定度 Δ_{V_t} 和 Δ_γ，写出 V_t 和 γ 的测量结果表达式

(1) $V_t = \overline{V_t} + \Delta_{V_t}$

(2) $\gamma = \bar{\gamma} + \Delta_\gamma$

【注意事项】

1. 测量前开机预热 5min，待信号源工作稳定后才可开始测试。
2. 测量时反射面与发射面之间的距离不宜小于 5cm。
3. 测量时移动接收换能器 S_2 要缓慢，向一个方向移动鼓轮，并时刻注意示波器上图形的变化。

4. 测量时应尽量避免室内空气对流和扰动。

【预习思考】

1. 在本实验中超声波是如何产生的？
2. 为什么发射器与接收器之间的距离不能太小？
3. 在相位法比较中，当示波器显示一条倾斜直线时，其 X 和 Y 两输入端信号的相位差 $\Delta\varphi$ 是多少？

实验 29 弗兰克-赫兹实验

1913 年，丹麦物理学家玻尔受普朗克量子概念的启发，在卢瑟福原子模型的基础上提出原子的量子化模型，玻尔认为电子在原子核外的运动是有轨道的，每一个轨道对应一种能量状态，电子在这些"完全确定的、互相分立的能量状态"中运动，即玻尔理论。

1914 年，德国格丁根大学的弗兰克（James Franck，1882—1964）和哈雷大学的 G. 赫兹（Gustav Hertz，1887—1975，是电磁波的发现者 H. 赫兹的侄子）通过电子与汞原子的碰撞试验发现，两者在发生非弹性碰撞时能量的转移是量子化的，他们的精确测定表明，电子与汞原子碰撞时损失的能量严格保持在 4.9eV，即汞原子只接收 4.9eV 的能量。弗兰克-赫兹实验结果首次直接有力地证明了玻尔所提出的原子量子化模型的假设，使人类对原子内部的认识又跨上了一个新台阶。1925 年，弗兰克和赫兹共同获得了该年诺贝尔物理学奖。

本实验以氩原子代替汞蒸气原子，通过电子与氩原子碰撞时能量转移的量子化现象，测定氩原子的第一激发电位，并加深原子能级理论和量子概念的理解。

【实验目的】

1. 通过实验加深对玻尔原子能级理论和量子概念的理解；
2. 测定氩原子的第一激发电位；
3. 学习用逐差法精确处理实验数据。

【实验原理】

玻尔假定，正如太阳系的行星绕太阳运行一样，氢原子核外电子是处在一定的线性轨道上绕核运行的。因此，玻尔的氢原子模型可以形象地称作"行星模型"。玻尔的原子理论指出：①原子只能处于一些不连续的能量状态 E_1、$E_2 \cdots$，处在这些状态的原子是稳定的，称为定态。原子的能量不论通过什么方式发生改变，只能是使原子从一个定态跃迁到另一个定态；②原子发生跃迁时，它发射或吸收辐射的频率是一定的。如果用 E_m 和 E_n 分别代表原子的两个定态的能量，则发射或吸收辐射的频率由玻尔频率条件决定：

$$h\nu = |E_m - E_n| \tag{1}$$

式中，h 为普朗克常量。

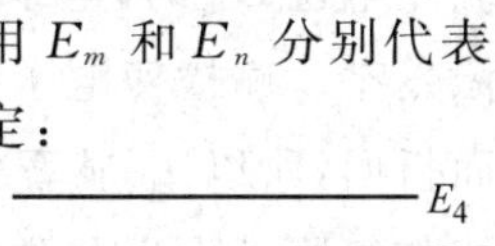

原子从低能级向高能级跃迁，也可以通过具有一定能量的电子与原子相碰撞进行能量交换来实现。弗兰克和赫兹最初通过电子与真空中汞蒸气原子的碰撞实现两者的能量交换，使汞原子发生跃迁，本实验则让电子在真空中与惰性气体氩原子相碰撞，实现氩原子的能级跃迁，从而免去了加热过程。设氩原子的基态

图 1 原子能级图

能量为 E_1，第一激发态的能量为 E_2，从基态跃迁到第一激发态所需的能量就是 $|E_2-E_1|$。由动能定理可知，初速度为零的电子在电位差为 U 的加速电场作用下获得的能量为 eU，若 eU 小于 E_2-E_1，则电子与氩原子只能发生弹性碰撞，二者之间几乎没有能量转移。当电子的能量 $eU \geqslant E_2-E_1$ 时，电子与氩原子就会发生非弹性碰撞，氩原子将从电子的能量中吸收相当于 E_2-E_1 的那份能量，使自己从基态跃迁到第一激发态，而多余的部分仍留给电子。设加速电压为 U_0，则当氩原子发生跃迁时满足

$$eU_0 = E_2 - E_1 \tag{2}$$

式中，U_0 为氩原子的第一激发电位（或中肯电位），是本实验要测的物理量。

本实验采用充氩弗兰克-赫兹管（简称 F-H 管），其工作原理如图 2 所示。图中，U_F 为灯丝电压，K 为阴极，为旁热式加热，G_1 为第一栅极，G_2 为第二栅极，A 为阳极，阳极电流也称为板流，I_p 为灵敏电流计，用于测量阳极板中的微小电流。U_{G1K} 对电子初步加速，从而提高阴极发射电子的效率，加速电压 U_{G2K} 用于加速电子，使电子获得足够的动能。在阳极板 A 和 G_2 之间加反向电压 U_{G2A}，也称拒斥电压，用于筛选所需要的电子。

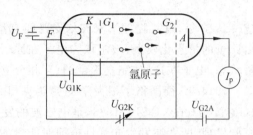

图 2 弗兰克-赫兹管工作原理图

实验方法是，电子由热阴极发出，阴极 K 和第二栅极 G_2 之间的加速电压 U_{G2K} 使电子加速。第一栅极对电子加速起缓冲作用，避免加速电压过高时将阴极损伤。当电子通过电压为 U_{G2K} 的空间被加速后，如果具有较大的能量（$\geqslant eU_{G2A}$）就能冲过反向拒斥电场而达到板极 A 形成板流，被微电流计 I_p 检测出来。如果电子在 U_{G2K} 空间因与氩原子碰撞，部分能量给了氩原子，使其激发，本身所剩能量太小，以致通过栅极后不足以克服拒斥电场而折回，通过电流计 I_p 的电流就将显著减小。实验时，使栅极电压 U_{G2K} 由零逐渐增加，观测 I_p 表的板流指示，就会得出如图 3 所示关系曲线。曲线反映了氩原子在 U_{G2K} 空间与电子进行能量交换的情况。当 U_{G2K} 逐渐增加时，电子在加速过程中能量也逐渐增大，但电压在初升阶段，大部分电子达不到激发氩原子的动能，与氩原子只是发生弹性碰撞，基本上不损失能量，于是电子穿过 G_1 和 G_2 栅极到达板极 A。显然，随着 U_{G2K} 的增大，到达板极 A 上的电子数量越多，形成的板流 I_p 就越大，出现如图 3 曲线 $0a$ 段所示的情况。当 U_{G2K} 接近和达到氩原子的第一激发电位 U_0 时，电子在栅极附近与氩原子相碰撞，使氩原子获得能量后从基态跃迁到第一激发态。碰撞使电子损失了大部分动能，即使穿过栅极 G_2，也会因不能克服反向拒斥电场而折回，所以 I_p 显著减小，如曲线的 ab 段所示。当 $U_{G2K} > U_0$ 时，电子在到达栅极以前就可能与氩原子发生非弹性碰撞，然后继续获得加速，到达栅极时积累起穿过拒斥电场的能量而到达板极，使电流 I_p 回升（曲线的 bc 段）。直到栅压 U_{G2K} 接近 $2U_0$ 时，电子又会在 F-H 管内与氩原子的非弹性碰撞使自身能量降低到不能克服拒斥电场的阻碍，使 I_p 再次下降（曲线的 cd 段）。同理，在 $U_{G2K} = 3U_0, 4U_0, 5U_0, 6U_0$ 各处，I_p 都下降，从而形成规则起伏变化的曲线。可见，相邻两次 I_p 下降处所对应的 U_{G2K} 之差，就是氩原子的第一激发电位 U_0。

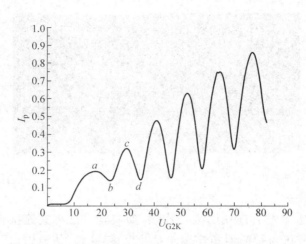

图 3 阳极电流与加速电压关系曲线

处于第一激发态的氩原子寿命不长,经历极短时间就会返回基态,同时以电磁波的形式辐射出相当于 eU_0 的能量,于是

$$eU_0 = h\nu \tag{3}$$

即

$$eU_0 = h\frac{c}{\lambda} \tag{4}$$

式中,c 为真空中的光速;λ 为辐射光波的波长。由式(4)可得

$$\lambda = h\frac{c}{eU_0} = \frac{6.63 \times 10^{-34} \times 3 \times 10^8}{1.6 \times 10^{-19} \times 11.56} = 1.075 \times 10^2 \text{nm} \tag{5}$$

利用光谱仪从 F-H 管可以分析出这是波长 $\lambda = 1.075 \times 10^2$ nm 的光谱线。

【实验仪器】

本实验所用主要仪器包括:ZKY-FH 智能弗兰克-赫兹实验仪,常用示波器等,如图 4 所示。

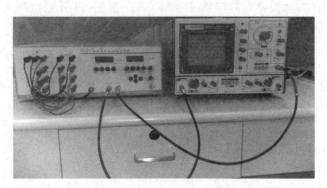

图 4 弗兰克-赫兹实验仪器

ZKY-FH 智能弗兰克-赫兹实验仪包括弗兰克-赫兹管(F-H 管),工作电源(220V,50Hz)、扫描电源,微电流测量仪(测量范围 $10^{-6} \sim 10^{-9}$ A,±1‰,三位半数显);F-H 管为充氩四极管,谱峰(或谷)数量大于等于 6,使用寿命大于等于 3000h。可分别进行手动和自动测量。操作面板如图 5 所示。

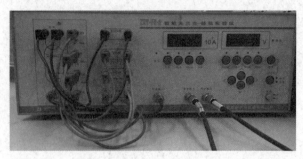

图 5 弗兰克-赫兹操作面板

【实验内容与步骤】

1. 按图 5 弗兰克-赫兹管连线图进行连接（如实验室已将其连接就位，可忽略此项操作），并将弗兰克-赫兹仪与示波器相连接。弗兰克-赫兹仪"信号输出"接示波器 Y_1 输入，"同步输出"接示波器"外接输入"，"触发选择"选"外接"自动触发。

2. 打开示波器。调整好光标，选择合适的扫描周期和灵敏度，使图形完整展示在示波器显示屏上。

3. 打开电源，电流取 1 微安量程，工作方式选择手动，按仪器机箱盖上的标牌建议参数分别设定灯丝电压 U_F、U_{G1K} 和 U_{G2A}，将 U_{G2K} 设为 30V，开机预热 10min 后再进行实验。

4. 工作方式选择"自动"，按标牌上的参数分别设定 U_F，U_{G1K} 和 U_{G2A}，并将 U_{G2K} 设为 82V，按"启动"按钮，U_{G2K} 将从 0 开始，以 0.2V 为间隔步长，增加到 82V 后自动停止。观察示波器上的 $I_p \sim U_{G2K}$ 曲线，若峰与谷的差别不明显，最大值过小或过大等，可适当改变 U_F，U_{G1K} 和 U_{G2A} 各值，重新实验，直到出现满意的图形。

5. 工作方式选择"手动"，确保 U_F，U_{G1K} 和 U_{G2A} 已设定，按下"启动"键，并按压 U_{G2K} 向上增加箭头，逐点记录 U_{G2K} 和相应的电流 I_p，注意 U_{G2K} 最大不超过 82V。

【数据处理】

在坐标纸上以加速电压 U_{G2K} 为横坐标，I_p 为纵坐标作图，可看到类似图 3 的曲线，以 V_1 对应第一个峰所对应的电位，V_2 对应第二个峰，依此类推，可分别得到 6 个峰的电位，用逐差法计算氩原子的第一激发电位，即

$$U_0 = \frac{1}{3}\left(\frac{V_4 - V_1}{3} + \frac{V_5 - V_2}{3} + \frac{V_6 - V_3}{3}\right) \tag{6}$$

并计算与 U_0 相对应的电磁波波长 λ，对应哪个波段？美国国家标准计量局给出氩原子第一激发能为 11.548eV，请将实验结果与该值比较，并求误差。

【注意事项】

1. 确保各量不超过最大值：$U_F < 6V$，$U_{G1K} < 5V$，$U_{G2A} < 12V$，$U_{G2K} \leqslant 82V$，否则将导致仪器出现故障或损坏。

2. 若 I_p 异常增加，表明氩原子已经电离，此时应立刻关闭电源。

3. U_{G2K} 较小时，I_p 也较小，示波器上图形的出现略为滞后，此为正常现象。

4. 阳极电流 I_p 值较小，作图时应选择合适的单位和数量级。

【预习思考题】

1. 弗兰克-赫兹实验是如何证明原子的能量是量子化的，即原子存在能级？

2. 电子与氩原子发生弹性或非弹性碰撞的条件是什么？

【分析讨论】

1. 为什么 $I_p \sim U_{G2K}$ 呈周期性变化？
2. 通常，$I_p \sim U_{G2K}$ 曲线显示 $U_2-U_1 < U_3-U_2 < U_4-U_3 \cdots$，原因何在？
3. F-H 管中 U_{G2A} 的作用是什么？
4. 按能级理论，氩原子第一激发态的能级为 13.06eV，但其有两个亚稳态能级，分别为 11.55eV 和 11.72eV，试分析跃迁概率。

附录：智能弗兰克-赫兹实验仪前面板功能说明

智能弗兰克-赫兹实验仪前面板如图 6 所示，以功能划分为 8 个区。

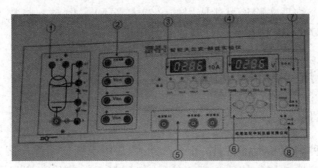

图 6 弗兰克-赫兹操作面板说明

区(1)是弗兰克-赫兹管各输入电压连接插孔和板极电流输出插座；

区(2)是弗兰克-赫兹管所需激励电压的输出连接插孔，其中左侧输出孔为正极，右侧为负极；

区(3)是测试电流指示区：四位七段数码管指示电流值；四个电流量程挡位选择按键用于选择不同的最大电流量程挡；每一个量程选择同时备有一个选择指示灯指示当前电流量程挡位；

区(4)是测试电压指示区：四位七段数码管指示当前选择电压源的电压值；四个电压源选择按键用于选择不同的电压源；每一个电压源选择都备有一个选择指示灯指示当前选择的电压源；

区(5)是测试信号输入输出区：电流输入插座输入弗兰克-赫兹管板极电流；信号输出和同步输出插座可将信号送示波器显示；

区(6)是调整按键区，用于改变当前电压源电压设定值；设置查询电压点；

区(7)是工作状态指示区：通信指示灯指示实验仪与计算机的通信状态；启动按键与工作方式按键共同完成多种操作，详细说明见相关栏目；

区(8)是电源开关。

第 3 章

大学物理实验中常用基本仪器及器件

物理实验中各个物理实验项目所使用的仪器大多不同,但对一些常见物理量的测量所用的仪器基本是相同的,因此本章将对物理实验中的常用仪器和器件做一些介绍。

3.1 测量长度、时间、质量的基本仪器

一、游标卡尺

游标卡尺是一种测量长度的量具,如图 1 所示,常用于测量工件长度、内外径和深度等。外测量爪一般用于获取被测物体的长度或外径,内测量爪一般用于测量孔槽等的内径或者长度;深度针则用于测量孔槽深度。

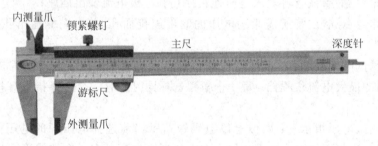

图 1　游标卡尺

1. 测量原理

推动尺框使外量爪的两内侧面相接触,此时卡尺的主尺零刻线与游标尺零刻线重合,卡尺示数为零。图 1 为 50 分度、精度为 0.02mm 的游标卡尺。卡尺示数为零时,游标尺上的右侧"0"刻线(也可称为是 10 刻线)与主尺的 49mm 刻线对齐,即游标卡尺上的 50 个等间隔刻线的总长度为 49mm。

设主尺上的最小分度值(最小间隔)为 $a(a=1\text{mm})$,游标尺上的最小分度值为 b,则有

$$50 \cdot b = 49 \cdot a$$

可见游标尺与主尺的最小分度值的长度差值为

$$\delta = a - b = \frac{a}{50} = \frac{1\text{mm}}{50} = 0.02\text{mm}$$

δ 为游标卡尺的最小读数,也就是游标卡尺的精度(一般标于游标尺尺面上)。因此,在实际测量时,对被测物体长度的读取分两部分给出。

第一部分：主尺示数 A

若游标尺的零刻线位于主尺第 $A\sim A+1\mathrm{mm}$ 之间，则读取整毫米数据，即为 A mm。

第二部分：游标尺示数 B

游标尺示数 B 给出的是游标尺零刻线超出主尺第 A 毫米刻线的长度。观察游标尺，找到和主尺上的某个毫米刻线对齐的游标尺上的刻线；若第 n 根刻线（例：数字 6 后第 4 根刻线 $n=5\times 6+4=34$）与主尺某毫米刻线对齐，则说明游标尺的零刻线与其左侧的整毫米刻线间的距离

$$B = n \times 0.02\mathrm{mm}$$

则被测物的长度 $\quad L = A + B$

2. 测量实例

如图 2 所示，精度为 $\delta = \dfrac{1\mathrm{mm}}{50} = 0.02\mathrm{mm}$ 的游标卡尺的示数。游标尺零刻线左侧主尺的毫米刻线为 11mm，因此 $A = 11\mathrm{mm}$。游标尺上的数字 6（第 $5\times 6 = 30$ 根刻线）与主尺上的第 41mm 刻线对齐，则

$$B = 30 \times 0.02\mathrm{mm} = 0.60\mathrm{mm}$$

所以，被测量长度 $\quad L = A + B = 11.60\mathrm{mm}$

游标尺上的 1、2、3、…、9 数字是为了便于读数而设计的，分别代表 0.10mm、0.20mm、0.30mm、…、0.90mm。若图 2 中游标尺对齐刻线为数字"9"后面第 3 个刻线，则可直接读出 0.90mm $+ (3\times 0.02)\mathrm{mm} = 0.96\mathrm{mm}$。若游标尺对齐刻线为数字"8"后面第 3 个刻线，则 B 读数为 0.86mm。

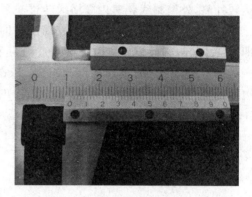

图 2 游标卡尺读数实例

3. 使用注意事项

(1) 读数时，视线应与卡尺尺面垂直。

(2) 注意保护量爪，减少卡口磨损。卡住被测量物体后，在不便或无法直接读数时，可固定锁紧螺钉，再取下卡尺进行读数，否则尽量不要使用锁紧螺钉，减少对卡口的磨损。

(3) 使用完毕后，在锁紧螺钉松开状态下放入盒内。

(4) 注意避免置于潮湿环境中。

二、螺旋测微计

螺旋测微计（图 3）又叫外径千分尺，其测量精度为 0.01mm，能估读到 0.001mm，测量范围为几个厘米。

1. 测量原理

螺旋测微计是依据螺旋放大原理设计的。测微螺杆位于内筒（螺母套筒）内，二者相互啮合，螺距相等，内筒与框架固定在一起。旋转棘轮通过摩擦力推动螺杆与外筒一起移动，螺杆与外筒相对内筒转轴旋转一周，螺杆与外筒就沿着轴线方向前进或后退一个螺距 $h =$

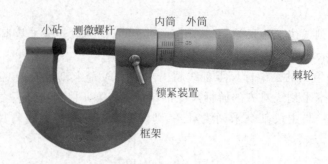

图 3　螺旋测微计

0.500mm（内筒的最小分度即为一个螺距 h）。由于外筒一周被等分为 $N=50$ 等份，因此当旋转外筒，外筒刻线相对内筒横线转过一个外筒间隔时，螺杆与外筒就前进或者后退 $h/N=0.500/50=0.010(\text{mm})$。螺杆与外筒旋进的距离还可以估读到最小间隔 0.010mm 的 1/10，即 0.001mm，因此螺旋测微计最早被称为千分尺。

螺旋测微计的示数由两部分组成：依据外筒边沿压住内筒的位置，读取螺距整数倍的数据 A；依据内筒横直线对准外筒的刻线位置，读取一个螺距（0.500mm）以内的数据 B。总长度为 $A+B$。

2. 测量实例

图 4 中内筒横刻线上下方分别为半毫米及整毫米刻线，外筒边左侧内筒刻度为 5.500mm 刻线，因此 $A=5.500\text{mm}$。内筒直横线超过外筒 9 刻线，又多了约 0.9 倍外筒的最小间隔，因此

$$B=(9+0.9)\times 0.01=0.099\text{mm}$$

图 4　螺旋测微计读数

综合上两部分得到被测长度为 $l=A+B=5.500+0.099=5.599\text{mm}$。

3. 注意事项

（1）使用前应进行零点校正：用棘轮带动螺杆靠近测砧，当听到"哒哒"几声后，说明棘轮与测砧已经挨紧，若仪器所显示数值不为零，须记下初始数值 l_0，在后面得出某测量值 l 后要对其进行修正，得到真实值 $l_真=l-l_0$。

（2）测量的正确操作：当螺杆与测砧间距离明显大于被测物体长度时，可以旋转外筒螺纹处使螺杆与外筒一起前进，当螺杆及小砧非常靠近物体时，必须改换为旋转棘轮带动螺杆靠近被测物体，当听到"哒哒"几声后，说明螺杆与小砧已经夹紧物体，可以进行读数。若不方便直接读数可将锁定旋钮锁定，取下螺旋测微计后再进行读数。切忌强力旋转外筒靠近物体的错误操作，一方面这会导致被测物体因被大力挤压而变形，另一方面容易使得螺旋测微计被卡死，无法倒旋退出。

（3）使用完毕后，应将螺杆与小砧间打开一定距离后放入盒内，并避免处于潮湿环境中。

三、秒表

1. 实物图片(见图5)。
2. 基本用途：测量时间。
3. 使用方法：图5所示秒表为物理实验室常用的计时器，其精度为0.01s。在这里仅简单介绍计时功能。

右键(START/STOP)：按下该键启动计时，再次按键计时结束。

左键(PAUSE/RESET)：复位清零及分段计时，当一次计时结束后可按下此键清零后进行下一次计时。

中键(MODE)：为计时及时间显示切换键。一般实验室秒表均调整至计时状态。

图5　秒表

4. 注意事项：
(1) 防止掉落，摔坏秒表；
(2) 使用完毕后请将秒表归零。

四、物理天平

1. 基本用途

托盘天平是实验室常用的称量用具，采用杠杆原理测量物体的质量，精确度一般为0.1g或0.2g，荷载有100g、200g、500g、1000g等，图6为1g精度的托盘天平。

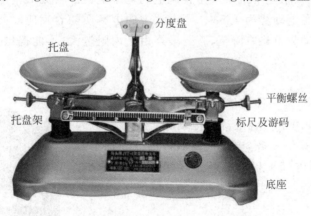

图6　托盘天平

2. 使用方法

(1) 调整底座螺钉使天平底座水平。将游码推至其左端与标尺零刻度线对齐。

(2) 初始状态调零：在空载状态下，调节天平两端的平衡螺母至指针对准中央刻度线。若左端托盘上翘，指针向右侧偏离零刻线，则需将单侧或者双侧平衡螺母向左侧调整（若右端托盘上翘，则需将单侧或者双侧平衡螺母向右侧调整），直至指针在分度盘中央刻线两侧刻线范围内对称摆动即可，此时天平两臂已经平衡。

（3）将被称量物体置于左托盘，右托盘加放砝码。依据被称量物质的性质状态选择盛放器皿（玻璃器皿或纸），测量前先对盛放器皿进行质量的称量，然后再称量待称物质与器皿的共同质量，两次质量的差值即为待称量物体的质量。

（4）预先估计被称量物体的质量，从与预估值接近的最大砝码加起，逐渐减小，最后用游码调至平衡。加减砝码要用镊子，切忌用手拿取（防止污染砝码，使得称量不准确）。游码的拨动也要用镊子。

（5）数据读取：物体的质量＝砝码的总质量＋游码在标尺上所对的刻度值。图7为游码位置示意图，游码显示质量为 3.8g（0.8 为估读数据），若所加砝码质量为 30g，则被测物体的总质量为二者之和，即 33.8g。

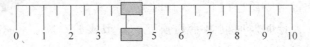

图 7　托盘天平读数实例

3.2　电学相关仪器

一、电源

1. 直流电源

（1）干电池

干电池是一种以糊状电解液来产生直流电的化学电池。常见的干电池为锌锰电池，是一种一次性电池，电源电动势为 1.5V。干电池中的电解质随着反应时间的增加而被消耗，内阻随之增加，其电动势也略有降低，直至最终由于内阻过大，不能提供外电路所需电流而被报废。

（2）标准电池

标准电池（见图8）是一种液体电池，由于其电动势比较稳定、复现性好，一般用于校验电源的电动势。标准电池的正极是汞电极，负极是镉汞齐，电解液是酸性的硫酸镉水溶液。标准电池是美国电气工程师韦斯顿（E. Weston）在 1892 年发明的，故又称韦斯顿电池。

使用注意事项：

① 不允许晃动、侧放，并避免剧烈震动或倒置，否则会引起不可逆的变化，甚至损坏。

② 不能作为输出电功率的原电池。

③ 通过标准电池的电流一般不能超过 $1\mu A$。过大电流将使电动势产生不可恢复的改变。

④ 接线时一定注意不能将正负极接反，更不能将正负极处于短路状态。

图 8　标准电池

(3) 直流稳压电源

直流稳压电源的基本功能是将交流电转换为直流电,用"DC"或者"—"表示。图9为实验室常用的直流稳压电源,其最大输出电压为30V,最大输出电流为3A。如果需要更大的电压或电流,可以将多机串联或者并联使用。

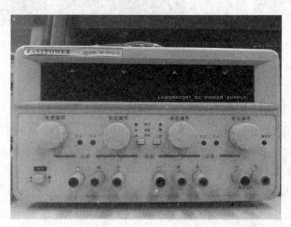

图9 直流稳压电源

使用注意事项:

① 注意输出旋钮

三接线柱组为可调输出——"红"为正极端,"黑"为负极端,中间旋钮为接地端。

两接线柱组为固定输出端(固定 5V/3A 输出)——"红"为正极端,"黑"为负极端。

② 使用时注意最大输出电压和输出电流,切不可过载。

2. 交流电源

三相交流电(alternating current,AC)也称"交变电流"或"交流",是由三个频率相同、电势振幅相等、相位差互差120°角的交流电路组成的电力系统。目前,我国生产、配送的都是三相交流电。三项交流电一般有两种接法:星形接法和三角形接法。一般实验室和家庭用电采用的是星形接法,其有效值为220V(峰值约为311V),频率为50Hz。工业生产用电为三角形接法,有效值为380V,频率同样为50Hz。

使用进口仪器时要注意电源标示,日本及部分欧洲国家采用60Hz、110V的供电标准,若电压等级不符,会造成电器设备的损坏。

二、电阻器

导电体对电流的阻碍作用称为电阻,将电阻制作成一种器件称为电阻器。电阻器的种类有很多,通常从结构上可分为三大类:固定电阻(R)、可变电阻(RH)、电位器(RP)。

1. 固定电阻

电学实验常见的固定电阻主要有 RT 型薄膜电阻、RJ 型金属膜电阻、RX 型线绕电阻及片状电阻等(见图10)。电阻型号各字母意义:T—碳膜,J—金属,X—线绕。

薄膜电阻器是用蒸发的方法将具有一定电阻率的材料(如碳或某些合金)镀在绝缘材料(瓷管或瓷棒)的表面制成的,是实验中最常用的一种电阻。

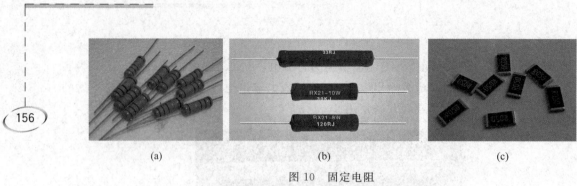

图 10 固定电阻
(a) 薄膜电阻;(b) 绕线电阻;(c) 片状电阻

线绕电阻器是用镍铬或锰铜合金电阻丝绕在绝缘支架上制成的,表面常涂有绝缘漆或耐热釉层,体积较大,阻值较低(多小于 100kΩ)。其特点是精度高,能承受较大功率,具有热稳定性好、噪声小等优点;但由于它分布电感较大,导致其调频特性差,故一般被用在低频的精度仪表中,起到降压或负载等作用。

片状电阻是将金属粉和玻璃釉粉混合,采用丝网印刷法印制在高纯陶瓷基底上制成的电位器。具有体积小、重量轻、电性能稳定、可靠性高、机械强度高和高频特性优越等优点,广泛用于计算机主板、通信设备等各种仪器设备中。

电阻器上标注电阻阻值的方法主要有两种。

(1) 直接标注

将电阻器的标称值用数字和文字符号直接标在电阻体上。

(2) 色标法

薄膜电阻的阻值一般直接标注于电阻表面,或者用颜色标注的方法标注,称为色标电阻。普通电阻通常有四个彩色环,其中三个表示阻值,一个表示误差;精密电阻用五色环表示。普通电阻(四环)各颜色对应数值及精度的关系如表 1。

表 1 色标电阻色彩与数值对应表

分类	阻 值										误差	
颜色	棕	红	橙	黄	绿	蓝	紫	灰	白	黑	金	银
数值	1	2	3	4	5	6	7	8	9	0	10%	20%

将电阻沿金或者银色圈在右侧的放置方式放置,从左至右观察,第一圈颜色代表的数字为十进制的十位,第二圈颜色代表的数字为十进制的个位,第三圈代表 10^n,第四圈代表精度。例如第一圈为棕色,第二圈为白色,第三圈为红色,第四圈为金色,则表示这个电阻的阻值为 $19×10^2 Ω=1900Ω$,精度为 10%。

2. 可变电阻器

电阻值可以调整的电阻器即为可变电阻器。大学物理实验中常用的可变电阻有电阻箱和滑线变阻器,实验仪器内集成的可调电阻器常被称为电位器。

1) 电阻箱

(1) 电阻箱实物图如图 11 所示。

(2) 原理

图 11 为常用的旋转式电阻箱,它是由若干个标准电阻串联起来,用换项开关(旋钮)选

择电阻输出总值的,其内部结构如图 12 所示。

电阻箱表盘上每个旋钮下方"×10""×100"等数字称为倍率,代表每个旋钮所串联的电阻阻值不同。例如"×10"旋钮所串联的是 10Ω 的电阻,"×100"旋钮所串联的是 100Ω 的电阻,以此类推。

图 11 电阻箱

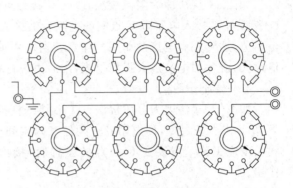

图 12 电阻箱原理图

(3) 使用示例

使用电阻箱前应先预估所要使用的阻值,以选择合适的电阻接出旋钮,避免不必要接入的那部分电阻及导线所带来的误差。如需要电阻值在 10Ω 以内,则选择"0"及"9.9Ω"两个接线柱连接。

读数实例:若"0"及"99999.9Ω"两接线柱接入电路,10000 倍率处数字为 3,1000 倍率处数字为 4,100 倍率处数字为 5,10 倍率处数字为 6,1 倍率处数字为 7,0.1 倍率处数字为 8,则读数为

$$3\times10000+4\times1000+5\times100+6\times10+7+8\times0.1=34567.8(\Omega)$$

若"0"及"9.9Ω"两接线柱接入电路,则读数为

$$7+8\times0.1=7.8(\Omega)$$

(4) 注意事项

① 注意选择接线挡位。

② 不能超过各挡位允许通过的最大电流(参见表 2),防止烧毁仪表。

表 2 电阻箱允许通过的最大电流

倍率	×0.1	×1	×10	×100	×1000	×10000
最大负载电流/A	1.5	0.5	0.15	0.05	0.015	0.005

2) 滑线变阻器

滑线变阻器是把涂有绝缘层的合金(如镍铬合金)电阻丝密绕在绝缘陶瓷管上,如图 13 所示。电阻丝的两端接于变阻器的 A、B 两接线端。金属片 C 上端与 D、E 两接线柱间的金属棒接触并可沿棒左右滑动,其下端有一个凸出的接触点,C 端沿金属棒滑动时,接触点与电阻丝接触部分的绝

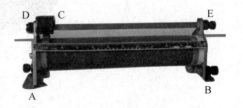

图 13 滑线变阻器

层已被去掉,触点与电阻丝直接接触。改变 C 端的位置,就可以改变 AC 或者 BC 接线端之间的电阻。

滑线变阻器在电路中主要起两个作用:

(1) 限流作用

如图 14 接法即为限流接法,改变 C 接触点的位置可以限制整个电路的电流。A、E(或 D)接线柱被接入电路,AC 点间的电阻丝被接入电路,改变 C 接触点的位置,则改变电路的电阻值,达到限制电流的作用。注意接通电源前应将 C 滑动至 E 端,此时接入电路的电阻值最大,避免因电流过大损坏仪表,之后再进行相应调节。

(2) 分压作用

如图 15 接法即为分压接法。A、B 接线柱接入电路中,电阻丝上的电位由 A 至 B 逐点下降,B 点电位最低,即电阻丝上的任意两点间均有电位差,并且电位差大小与其间的电阻丝长度成正比。当改变 C 触点的位置时,接出电压 V_{CB} 数值随之发生改变,达到分压的作用。

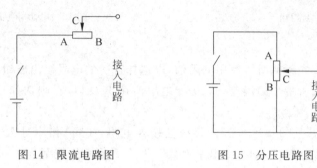

图 14 限流电路图　　　　图 15 分压电路图

3) 电位器

电位器(见图 16)通常由电阻体和可移动的电刷组成。当电刷沿电阻体移动时,在输出端即获得与位移量成一定关系的电阻值或电压。

图 16 电位器

三、直流检流计

1. 实物图

图 17、图 18 为实验室常用的两种检流计。

图 17 AC 检流计

图 18 光点检流计

2. 基本用途

作为检测微小电流的高灵敏度电流表,常用于电桥或电位差计实验中作为指零仪来判断电路是否处于平衡态。

3. 测量原理

检流计是磁电式仪表,它是根据载流线圈在磁场中受到磁力矩作用而发生偏转的原理制成的。当接入线圈的电流方向改变时,检流计指针(或者光斑)的偏转方向就会发生改变,只有当电流值为零(电路处于平衡态)时,指针不发生偏转。

4. 使用方法

(1) 将保护开关从保护位置(红点位置)旋转至使用位置(白点位置),调整调零旋钮进行调零。

(2) 将检流计"+""−"两个接线柱接入待测电路(注意"电计"旋钮切勿处于锁死状态)。

(3) 在未知电流大小的情况下,应采取"点触"式(快速按下"电计"按钮后迅速放开的操作)短暂将检流计接入电路,以防止因电流过大烧毁检流计。仅在流入检流计电流十分微弱,以至于指针在表盘的刻度范围内偏转时方可长时间按下"电计"旋钮(或锁定"电计"旋钮:按下旋钮的同时顺时针旋转按钮),再进行电路调节达到平衡状态。

(4) 指针在平衡位置作振动时,在指针经过平衡位置处连续点触检流计"短路"旋钮,使指针快速停在平衡位置。

5. 使用注意事项

(1) 保护开关位于红点位置时,不可以接入电路,亦不可调整调零旋钮。

（2）搬动或者长时间不使用仪器时，应将保护旋钮旋至红点位置，"电计"和"短路"旋钮应处于断开状态。

四、电流表

电流表与检流计的原理相同，是应用分流扩大量程的方法改装检流计（表头）得到的，按照适用所测电流的大小分为微安表、毫安表和安培表。

电流表允许测量的最大电流值称为量程，图 19 为多量程电流表，测量时应先预估被测电流的大小选出合适的量程挡位：此时电流表指针偏转在 1/2 总刻度至 2/3 总刻度之间。电流表使用时必须串联在电路中，接线时注意"＋"接线柱应接高电位端、"－"接线柱应接低电位端，切不可接反，否则会导致指针反偏，造成仪表的烧毁。

读取电流数值时，测量者的视线应垂直电流表板面（视线与指针侧面共面）；若板面装有反射镜面，应在指针与指针在镜面中的像重合时进行读数。

图 19　电流表

五、电压表

电压表是将检流计（表头）应用分压方法改装得到的，常依据量程（电压表允许的最大测量电压）分为毫伏表、伏特表和千伏表。图 20 为多量程电压表，测量时应选取适当的量程：此时电压表的指针偏转在 1/2 总刻度到 2/3 总刻度之间。电压表使用时应并联到所测量电路，接线时注意"＋"接线柱应接高电位端、"－"接线柱应接低电位端，切不可接反，否则会导致指针反偏，造成仪表的烧毁。读数方式亦与电流表读数方式相同。

图 20　多量程电压表

六、开关

开关是电学实验中必不可少的器件,主要作用:①接通或断开电路;②选择所要接入电路的元件;③改变连接方向。常用的开关如图21所示。

图 21　常用开关
(a) 单刀单掷；(b) 双刀双掷；(c) 单刀双掷

七、相关电学符号及图形

磁电式仪表面板上有很多标记符号,其意义如表3所列,使用时应注意。

表 3　常见磁电式仪表面板符号

符　号	意　义	符　号	意　义
Ⓐ	电流表	Ⓥ	电压表
↑	检流计	──	直流电
∩	磁电系仪表（Ⅰ级防护）	∼	单相交流电
┴	静电系仪表（Ⅰ级防护）	≈	直流和交流电
→|	水平放置	⊥	垂直放置
⚡ 2000	绝缘强度电压为 2kV	⏚	接地端
Ⅱ Ⅲ	外磁场及电场防护等级	1.5	准确度等级
C	磁电式仪表	T	电磁式仪表
L	整流式仪表	D	电动系仪表
G	感应系仪表	Q	静电系仪表
✳	公共端	↷	调零旋钮
＋	正极	──	负极

电学实验中读懂电路图是实验的基础,故要求学生能读懂图中常见的基本元件的符号(参见表4)。

表4 基本元件符号

符 号	元件名称	符 号	元件名称
 ⊣⊢⊣⊢	原电池	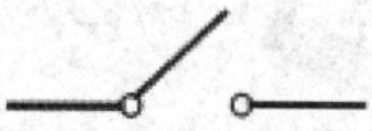 ／	单刀单掷
 ▭	固定电阻	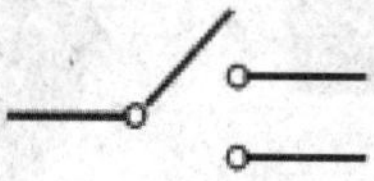 ／	单刀双掷
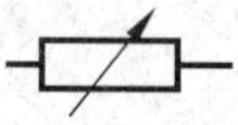 ▭	可变电阻	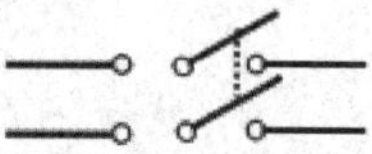 ／／	双刀双掷
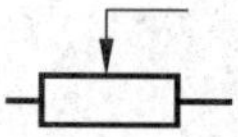 ▭	滑线式电阻	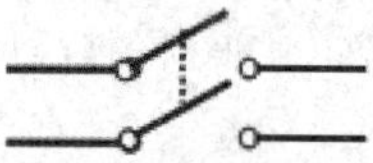 ／／	双刀单掷
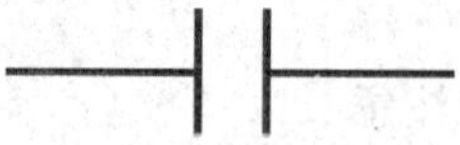 ⊣⊢	电容器	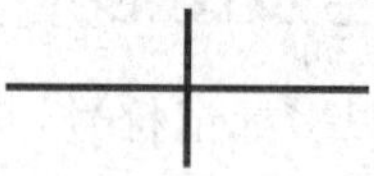 ＋	不连接的交叉线
 ⊣⊢	可变电容器	 ＋	连接的交叉线
 ⌢⌢⌢	电感线圈	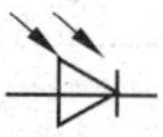 ▷	光电二极管
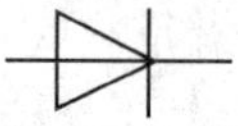 ▷	二极管	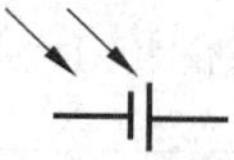 ▷	光电池
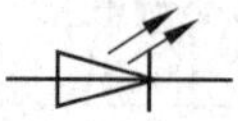 ▷	发光二极管	 ▭	光敏电阻
	PNP型三极管		NPN型三极管

3.3 光学相关仪器

一、光源

1. 白炽灯

白炽灯是一种最为常见的普通光源,利用电流的热效应,将灯丝(钨丝、碘钨丝、溴钨丝等)加热到白炽状态(1700°以上),通过自发辐射跃迁发射可见光。由于发光体(灯丝)中各个粒子被激发到高能级状态或者辐射跃迁到低能级状态都是相互独立的,彼此间没有任何的联系,自发辐射出的光波列时间有先有后,频率有大有小,光矢量的振动方向更是不同,所以白炽灯所发出的光为包含多个波长的复色光,在垂直于传播方向的平面内其能量是均匀分布的自然光。

2. 激光器

与普通光源的发光原理不同,激光器的发光原理是受激辐射。较一般光源,激光具有光强大、单色性好和准直性好的优点。按工作物质的不同可分为固体、气体、液体、半导体和化学激光器等。大学物理实验室常用到的是氦氖激光器和半导体激光器。注意:激光光强很高,切勿直视激光光源。

3. 钠灯

钠灯是利用钠蒸气放电而发光的光源。实验室常用的是低压钠灯,在可见光范围内其辐射谱线为两条波长十分接近的谱线(波长分别为 589.0nm 和 589.6nm),因此常被用作单色光源,波长取两个特征谱线波长的平均值 589.3nm。

4. 汞灯

汞灯是利用汞蒸气放电而发光的光源。实验室常用的是低压汞灯,点燃稳定后能发出较强汞的特征谱线,波长为 577.0nm、579.0nm、546.1nm、404.7nm。汞灯除发出可见光外,还辐射较强的紫外线,注意不要用眼睛直视点亮的汞灯,防止眼睛受伤。

二、目镜

目镜(见图 22)是由若干个透镜组成的观测系统,是光学仪器(望远镜或者显微镜等)的重要组成部分,观测者需要通过目镜来观测光学系统所成的像。光学仪器成像所在的平面有两根相互垂直的叉丝(或者分划板),观测前先调整目镜看清楚叉丝,再仔细调整系统使所成的像与叉丝共面。若系统所成的像与叉丝不在同一个平面内,会形成"视差"——当观测者上下或者左右轻轻移动眼睛视线时,叉丝和像会存在相对的位移。视差的存在会造成测量的不确定性加大,必须进行消除,消除的方法是仔细聚焦,将像成于目镜分划板的叉丝处,当眼睛略左右运动时,像与叉丝无相对位移。

图 22　目镜

附　录

参与编辑本书的教师及其编辑内容如下表所示，文责由责任编者负责。

序号	实验题目	责任编者	共同编者及审核者
第1章	测量误差及数据处理	原凤英	秦月婷,任晓斌
第2章	大学物理实验		
实验1	刚体定轴转动定律	李艳丽	吴泽华,原凤英
实验2	导轨上的一维运动	安力群	焦永芳,任晓斌
实验3	钢丝杨氏模量的测定	谭明	薄春卫,高纯静
实验4	用三线摆测量转动惯量	吕玉玺	袁义哲,郝延明
实验5	动态共振法测量金属材料杨氏模量	袁义哲	吕玉玺,高纯静
实验6	落球法测黏滞系数	焦永芳	安力群,任晓斌
实验7	惠斯通电桥测电阻	吴泽华	李艳丽,高纯静
实验8	用稳恒电流场模拟静电场	蒋新元	张贵清,任晓斌
实验9	补偿法测电动势	吴延昭	郝延明,任晓斌
实验10	密立根油滴法测定电子电荷	薄春卫	谭明,郝延明
实验11	电表改装与校正	任晓斌	高纯静,郝延明
实验12	示波器的原理和使用	张贵清	蒋新元,郝延明
实验13	迈克耳孙干涉仪的调整和使用	秦月婷	原凤英,郝延明
实验14	等厚干涉——牛顿环测透镜曲率半径	孔林涛	蔡元学,任晓斌
实验15	分光计的调整及应用	蔡元学	孔林涛,任晓斌
实验16	光栅衍射	明成国	郭肖勇,郝延明
实验17	测量单缝衍射的光强分布	曹阳	秦月婷,高纯静
实验18	偏振光实验	郭肖勇	明成国,郝延明
实验19	微波布拉格衍射	郝延明	吴延昭,高纯静
实验20	巨磁电阻效应	郭娟	杨艳斐,原凤英
实验21	测定铁磁材料的动态磁滞回线和基本磁化曲线	杨艳斐	安力群,原凤英
实验22	用霍尔元件测磁场	郭婷婷	郭慧梅,原凤英
实验23	金属电子逸出功的测定	刘建静	谢宁,原凤英
实验24	硅光电池特性的研究	谢宁	刘建静,原凤英
实验25	晶体电光效应	李琳娜	王江华,原凤英
实验26	红外技术基础研究	郭慧梅	郭婷婷,高纯静
实验27	光电信息处理	王江华	李琳娜,任晓斌
实验28	超声声速及空气绝热系数的测量	李天晶	王刚志,高纯静
实验29	弗兰克-赫兹实验	王刚志	李天晶,任晓斌
第3章	大学物理实验中常用基本仪器及器件	高纯静	任晓斌,原凤英